予測にいかす

改訂第2版

統計モデリングの基本

The Foundation of Statistical Modeling for Practical Prediction

Tomoyuki Higuchi
樋口知之

ベイズ統計入門から応用まで

講談社

改訂版へのまえがき

初版は東日本大震災直後に印刷の予定で，東北太平洋岸の製紙工場が被災し，使用する予定の紙が調達できず，実際に読者にお届けするのが一月遅れた．ちょうど私は，2011 年 4 月から統計数理研究所の第 11 代所長に選出されており，大震災への対応で本の出版どころではまったくなかった．そのような中で，夭逝された　講談社サイエンティフィク　瀬戸晶子さんはいろいろな交渉を一手に引き受け，初版刊行に大変ご尽力くださった．心より深く感謝の意を表したい．

それから早いもので 10 年以上経過したが，データ解析に携わってきた私にとってその間の最大の衝撃は，なんと言っても深層学習の圧倒的な性能向上である．モデルはブラックボックス的ではあるが，高精度なデータ生成の自動モデル構築も次々と実現されている．モデリングの自動化という観点からは，深層学習のパワーは驚異的である．統計学は，データの生成モデルを直接的に数理表現することで，応用分野の人たちと共通の知識基盤を構築してきた．一方，深層学習を用いた情報処理は，からくりがブラックボックス化していることから，先端技術の社会実装においてさまざまな問題点が顕在化している．統計学の強みは，生成モデルの構築に関する，さまざまな知見とノウハウの蓄積，またモデルに基づく意思決定の綿密な評価にある．ある種，モデリングに関する匠の技ともいえる暗黙知に，統計学の存在感が増していくであろう．読者が本書を通じてこの暗黙知を習得されることを期待したい．

本書の主たる目的は，非定常時系列データの統計的モデリングに関する考え方と，モデルによる予測のための計算法を学ぶことである．本書の構成はほぼ初版に従ったが，理論と計算手法の解説の後の具体的応用編（初版では第 8〜10 章）に入る前に，それまでの復習を兼ねた具体的データ分析を通して，通常の時系列解析で学ぶ基礎的な概念の解説を改訂版の第 8 章として付け加えた．実際の場面では非定常時系列データをとり扱うことが普通である．一方，時系列解析の強固な理論は，時系列の定常性の上に組み立てられている．非定常時系列データのモデリングと，定常時系列の理論の橋渡しを行うのが，新 8 章の役割である．限られた紙面で多くの概念を詰め込んだために，知識習得を優先した書きぶりとなっていることをお詫びする．定常時系列の理論と実際を解説した教科書は多々あるため，あとがきでそれらを紹介した．参考にしていただければ幸いである．

この改訂版の出版は，講談社サイエンティフィク　横山真吾さんの提案によるものである．カラー化によるイメージ一新と一部追記する形で出版を誘われた．初版の読者にもぜひ手に取ってもらいたい書籍にまとめあげられたのではないかと思う．横山真吾さんには遅筆の私に叱咤激励いただき，御礼申し上げたい．また，中央大学理工学研究科・博士後期課程の大島悠さんには計算の手助けをしていただいたことを感謝する．初版の愛読者でもあるブリヂストン　神山雅子さんには，原稿を丁寧に読んでいただき数多くの指摘を頂戴した．本書の出版にあたっては，講談社サイエンティフィク　大橋こころさんにはいろいろアドバイスをいただいたことに御礼を申し述べたい．

2022 年 6 月

樋口知之

初版まえがき

昨今「ベイズ統計」,「ベイズモデリング」,「ベイジアンネットワーク」などの，ベイズの言葉がついた専門用語を耳にする機会が非常に多くなってきた．またそれらを基礎技術とした製品やサービスが私たちの生活にどっぷりと入り込んできている．事実，米国のIT大企業は，ベイズモデリングを専門とする数理科学・情報科学の大学教授を研究開発の統括者として引き抜き，ベイズモデリングの研究者を大量採用することで新製品・新サービスを次々と世に送り出してきている．

そもそもなぜ，ベイズモデリングが有用なのか？ また，きわめて簡単で古くから知られていたベイズの定理がなぜ，今，注目されるのか？ ずばり，コンピュータの計算性能向上，インターネットの発達，そして高精度センサーのコモディティ（日用品）化の3つが主たる理由としてあげられる．ベイズの定理の肝は，推定したい量を直接計算せず，間接的に積分計算（多くの場合，和に置き換えられる）でもって求めることである．ただし，この積分計算を実現するには，対象を計算機上で表現するために必要な大規模メモリと高性能CPUが必須であった．廉価な高性能計算機の登場なくしてベイズ統計の活躍はあり得なかったのである．

この積分の被積分関数には，事前分布と呼ばれる，対象の細かい情報をその不確実性を含めて数値化した確率分布が含まれる．事前情報を細かく与える作業は面倒に感じられる部分もあるが，データに基づいた事前情報の確度の評価がベイズの定理により実現できるメリットは大きい．事例が少ないがためにややもすると主観的な情報であっても，ベイズの定理によってデータに潜む細かい情報とひもづけられることで客観性が増すのである．これは，個人や“その状況”といった，極端に少ない事例に関する情報であっても，事前情報を一度与えれば，データからベイズの定理による学習により，客観性の高い情報に成長できることを物語っている．つまり，ベイズモデリングを用いれば，個人や状況に即した製品・サービス，つまり「個人化されたサービス」を実現できるのである．

インターネットは，個人の情報を網羅的に集め，同時に，個人をターゲットにした商品・サービスの提供を効率的に行える優れたインフラである．インターネットの発達が産業・生活に劇的な変革をもたらしたのは，別にベイズモデリング周辺だけではないが，「個人化されたサービス」という，21 世紀の産業の基幹をベイズモデリングが支えている事実はしっかりと認識してほしい．富を生む仕組みは，前世紀の「物質（モノ）を均質に大量に生産するシステム」から 21 世紀の「個人化された情報のサービス提供システム」に大きく変化したのである．

ベイズモデリングの隆盛を引き起こした 3 つ目の要因である高精度センサーのコモディティ化は，被積分関数が含むもう一つの確率分布である尤度関数に関係している．興味ある対象を観測・計測して得られるデータは，計測精度の高いセンサーによってもたらされるべきであろうが，これまで予算面からその利用が制約されてきた．また，センサーを複数種類組み合わせたほうが，対象に関する情報が多面的に得られるので望ましい．近年の高精度センサーの著しい低廉化は多様な尤度関数の利用を促してきた．このように，コンピュータの計算性能向上，インターネットの発達，高精度センサーのコモディティ化の 3 つがベイズモデリングの実用化の引き金となったのである．

では，ベイズモデリングの重要性は理解できたとして，もう少し基礎となる数学を理解したいという欲求が当然のごとく出てくる．ベイズモデリングに関連した専門用語を一般のビジネスパーソンなどにもわかりやすく解説する書籍は比較的手に入りやすくなってきた．ただし，読者が言葉だけの理解に終わらず，それらの基礎となっている数学をいざ勉強したいと思い立ったときに，次のレベルの書籍が専門書や研究報告になってしまっている．この間の大きな隔たりをバトンタッチでき，基礎の数理科学・情報科学の教科書にもなるような書籍はこれまであまりなかった．本書のねらいの一つは，読み物や雑誌記事を卒業した読者が，次の段階として本書を読み，この本の読了後，専門書などにすすむことができるようになることである．

本書のもう一つの目的は，読者自身の問題の具体的解決策を提供することである．基礎となる数学の理解だけにとどまらず，アルゴリズムを正確に習得し，自分の問題に対してベイズモデリングを行い，モデルに基づいて予測し，その予測結果を通じてモデルの評価を行い，必要があればモデルを改良する，この一連の情報処理の流れを学んでいただきたい．本書には，モデルを自分でつくれる，必要最小限の内容を含んでいる．よって，身近な問題があれば本書で得た知識をもとに自らモデリングを行い予測をしてみてほしい．もし読者が何らかのプログラミング言語を知っているのであれば，モデルをプログラミングできるまで導いていくことが本書の目標である．

モデリングを学ぶには，具体的な事例に基づきながら基礎から応用にいたる解説があるべきであろう．世の中にはさまざまなモデルがあり，それらのモデルを使った成果がたくさん生まれている．本書のみで多様なモデルを解説するには限界があるので，筆者の経験が最も活かせる時系列モデルを扱いながらモデリングの解説を行いたい．時系列モデルをとり扱うほかの理由の一つとして，時間に依存しないモデルのとり扱い（たとえば，多変量解析）は多くの解説書などでとり扱われている一方，それらを学習した読者であっても，いざ時系列モデルになると，戸惑うケースを多々目にするからである．時系列モデリングにおいては，時系列データを一定の区間で分割し，その分割された区間に対して時間に依存しないモデルを適用してもよい結果は得られない．時間変動を生み出す動的な構造—ダイナミクスと簡単に呼ぶことも多い—をモデリングしない限り，モデルの評価と改善というサイクルがうまく機能しないからである．

本書がターゲットとする読者層は，大学の学部生から修士課程の学生にとどまらず，企業の研究者や，ビジネススクールに通う学生なども含む．この本の読者層は理系であるかどうかを問わない．前提として必要とする数学的知識も，行列の積ぐらいである．本書を読むのに必要な微分積分や確率・統計の知識は本書内で解説しているので，内容として自己完結している．微分積分といっても，高校数学のレベルで十分である．確率・統計についても，もちろん，ガウス（正規）分布とは何か，平均や分散はどう求めるのかぐらいは知っておいてもらったほうがよいであろう．だが，必須知識ではない．とにかく，「自分でモデリングしたい」，「自分で予測したい」といった意欲をもった読者であれば，文系の学生であっても十分読み通すことができる．実際，そのことを念頭において本書は企画されている．

この本は3部構成になっている．前半の第1〜4章は，モデリングの基礎となる数理や計算理論の解説を行う基礎編である．第1章では「予測とは何か」を，居酒屋レストランの売上データを使いながら考えてみる．実際に役立つ予測モデルは第8章（改訂版9章）で記述されるので，ここでは単純なやり方では満足のいく予測はできないことを実感してほしい．第2章では，条件つき確率などの確率の基礎と，ベイズの定理を含めたベイズ統計の基礎を学ぶ．第3章では予測を行うために最も大切な，データを生成する統計モデルの紹介と解説を行う．第4章では，そのモデルがもつ特性を活かした，予測を実現するための計算理論を学ぶ．

中盤の第 5〜7 章は，第 2〜4 章で示された基礎理論をコンピュータ上で実際に展開する際に必要となる技術を解説する．第 5 章ではパラメータの具体的推定法とモデルの改善方策を学ぶ．第 6 章では粒子フィルタと呼ばれている，強力なアルゴリズムを解説する．第 5，6 章の説明時には，第 3，4 章で示された結果に立ち戻ることが多い．第 7 章は，データ生成モデルを使った解析と予測に必須の乱数の発生法を紹介する．乱数の発生法を知らずして，実践的予測の実現は難しいことを注意しておく．第 7 章の最後には簡単な時系列予測問題に対するアルゴリズムの詳細を示した．モデリングの未経験者には非常に役に立つはずである．

終盤の第 8〜10 章（改訂版 9 章〜11 章）は，それまで勉強したことの集大成と実践編である．具体的事例としては，第 1 章でとり上げた居酒屋レストランの売上データのモデリングの結果が第 8 章（改訂版 9 章）で示される．売上データの予測を精密に行うためには，既存の知識を総動員した手の込んだモデリングが求められることが明らかになる．さらに，シミュレーションとデータ解析を融合する技術（データ同化と呼ばれる）を第 9 章（改訂版 10 章）で，またロボット制御を第 10 章（改訂版 11 章）でとり扱う．ロボットの動作の原理を記述するモデルを知らなくても，経験とデータに基づいて“そこそこ”制御できる方策を示す．

このように第 8〜10 章（改訂版 8 章〜11 章）を除いて，章の内容は常にそれより前の章の内容を引用しているため，通読が必須である．“つまみ食い”は難しい構成となっていることをご了解願いたい．問題を見つけたときに，「自分でモデリングし，自分で計算を行い，自分で予測して，自分で制御する」意欲をもった人に向けた本である．ぜひ，通読してもらいたい．また，解説文のところどころに，コラムとして（印刷ではバックが灰色〈改訂版ではピンク色〉になっている），解説の調子をややはずした，モデリングの先輩として大所高所からヒントを記した．解説とともに楽しんでもらえれば幸いである．

統計数理研究所・特任研究員の林圭佐博士には作図の手助けをしていただいた．ここに感謝の意を表します．また林博士と廣瀬慧君（九州大学・博士後期課程）および本橋永至君（総合研究大学院大学・博士後期課程）には，原稿を丁寧に読んでいただき多くの指摘を頂戴した．本書の出版にあたっては，講談社サイエンティフィク瀬戸晶子さんにはひとかたならぬお世話になった．感謝と御礼を申し上げたい．

2011 年 3 月　　　　樋口知之

目次

〈実践編〉

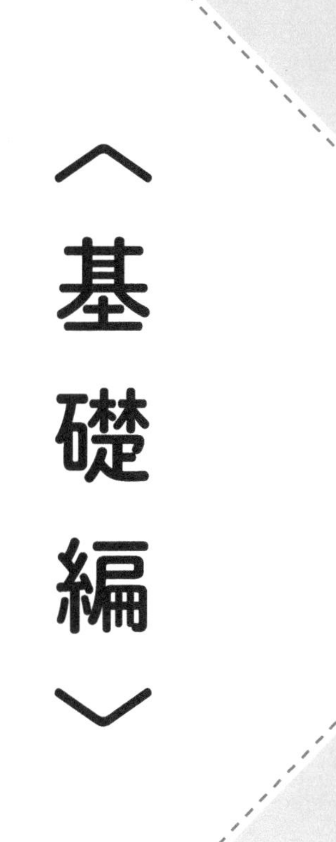

〈基礎編〉

第1章

予測とは何かを考える

1.1 … 居酒屋の売上高の予測

1.1.1 個別化された計算サービス

個人経営のお店でも，チェーン店でも，どんなお店でもいい．ある飲食店の日々の売上高の予測問題を考えてみる．とり上げるのはレストランの売上の生データである．立地条件としてこのレストランは，ビジネスセンター的高層オフィスビルの1～3Fに設置されたレストラン街の一角を占めている．近隣にビジネス街があり，また時折，大量の来場者が見込まれるコンベンションセンターも近い．つまり，ビジネス系とイベント系の2つの集客のチャンスがある．店はレストランといっても夜の洋風居酒屋が主たる収入源で，昼間はスパゲッティーランチがたくさん売れるような店構えである．夜はしっとりした雰囲気でイタリア風やスペイン風の料理を楽しめる店である．平日昼間が11:30から14:00まで，休日昼間は11:30から14:30まで，一時休んで夜の営業がはじまる営業体制である．重要な値段については，昼のメニューの平均単価が840円程度．席数は100席くらいある．

売上データは，2000年1月1日～2001年12月31日の2年間のランチ，宴会，1日の総売上の3種類．あわせて，店長によるその日の天候メモが記録されている．店長は天候を，晴れ，曇り，雨，大雨，雪の5つに分類していた．別情報ソースとして，コンベンションセンターでのイベントへの入場者見込み数が手元にある．この数はあらかじめイベント主催者からコンベンションセンター運営会社に伝えられたおおざっぱな見込み数である．ランチの売上データを図1.1（p.3）に示す．

単位が千円なので，だいたい5万円から20万円くらいの範囲の売上になって

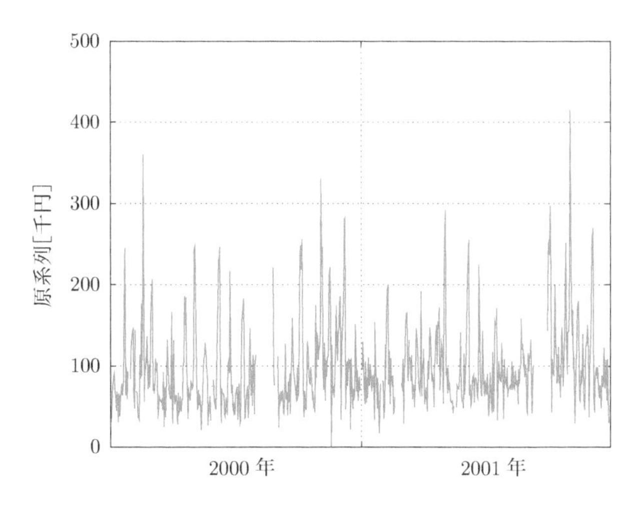

図 1.1　売上原系列

いる．データが抜けている期間があるが，夏休みの繁忙期のため記録に残す行為がなされなかったようである．このようなデータの抜けは実際の生活やビジネスの場面でよくあることだが，本書を読めば，このデータ欠損は予測を行ううえで大きな問題とならないことが理解でき，さらに，このレストラン固有の売上予測計算式がつくれる．その構築にあたっては，現場の勘や経験をうまく式の中に織り込んでいくのが最も大切である．予測計算式の構築に成功するということは，逆にこれまで気づかなかった新たな知見の抽出が行えたことを意味する．

1.1.2　時系列データ

図 1.1 に示された売上データの予測問題を考えてみる．ここで離散時刻に観測された時系列データ，$y_1, y_2, \ldots$ のような，整数でインデックス化された変数の集合を表現するのに便利な表記法を導入する．

$$y_{1:T} \equiv [y_1, y_2, \ldots, y_T]. \tag{1.1}$$

この表現は本書だけでなく逐次モンテカルロ法などにおいて頻出するので，ぜひ記憶にとどめておいてほしい．

時系列解析の書籍によくある予測法は，時系列データのみから統計的時系列モデルを構成する方法である．時刻 t のデータの予測値，$\hat{y}_t$ を自分自身の過去のデータの線形和で表現する時系列モデルもその代表例である．

$$\hat{y}_t = \sum_{k=1}^{K} a_k \cdot y_{t-k}. \tag{1.2}$$

このモデルは自己回帰モデルと呼ばれ，通常は英語表記の Auto-Regressive Model から **AR** モデルと略称されている．a_k を自己回帰係数，また k を AR 次数（オーダー）という．また，現在きわめて大きな存在感を示しているニューラルネットも，過去のデータを引数とする非線形関数で予測値を表す．式で形式的に書けば

$$\hat{y}_t = f(y_{t-1}, \ldots, y_{t-k}). \tag{1.3}$$

f は非線形の関数である．この関数にも AR モデル同様，値が未知の係数が含まれる．これらの方法は手軽に予測値を得るという点では便利であるが，いくつか不満が残る．第 1.1.1 項の例だと，曜日パターン，イベントの開催，天候，祝日など，売上の増減にかかわる各要因がどの程度なのかを AR モデルやニューラルネットは量的に把握できない．またこれらの要因一つ一つに対して，現場で働く人は経験的に豊富な知識をもっているが，それらが予測式にとり込まれていない．もちろん，知識の中には相当不確実なものも含まれている．その不確実性も含めて，データにかかわる知識をもっと総合的に活用したい．ほかにも不満足な点はいろいろあるが，まとめると以下のようになる．

- 逆推論の機能：売上データが顕著な例だが，「いくつかの主たる要因が複雑にからみ合った結果がデータとなって現れている」との考えに基づき，データの分析は行われる．したがって，データを要因に分解する逆推論機能が予測法に備わっていると，詳細な分析が容易になる．残念ながら，AR モデルやニューラルネットにはこれらの機能はない．
- 結果の可読性：要因自体もデータ解析者が指定するほうが都合がよい．つまり，解析者の視点でもって要因を規定し，その要因でもってデータを説明することの妥当性を評価すれば，解析者のもつ視点自体を吟味することになる．この検討の結果は，データに対する解析者のイメージの修正を直接的に促進し，対象の深い理解につながる．
- 学習の効率性：未知のパラメータを決めるにはデータから学習するしかない

が，ニューラルネットはパラメータの数が増えすぎると学習の効率が極端に悪くなる．理由としては，データの背後にあるさまざまな知識を直接的にパラメータ学習に利用せず，データを通した間接的利用にとどまっているからである．場合によってはまったく利用していないことさえある．

これらの不満を解消するためには，解析者のもっている知識や予想といった，データへのイメージを直接的に数式を使って表現するのが合理的である．「データへのイメージ」は，データが生成されるメカニズムに対する解析者の想像ともいえよう．このデータへのイメージを数式で表せる能力こそが「モデリング力」である．当然，数式の表現力が解析者の想像力を下回ってはならない．貧弱な想像力には表現力の限定された数式で十分かもしれないが，解析者のもつイメージは思いのほか柔軟で多様である．したがって，解析者の想像力を制約しない数式表現の枠組みも知っておかねばならない．

それでは，時系列を題材として，データへのイメージを数式に表す訓練をはじめよう．

1.2 … 期待感を数式で表す

1.2.1 最適化関数による表現

図 1.1（p.3）の売上データに滑らかな曲線をあてはめることを考える．滑らかな曲線として多項式やフーリエ級数などがすぐに思いつくが，解析的関数は対象の表現に関して得手不得手がある．ここではなるべくそのような癖の少ない関数が望ましい．そのため，$y_{1:T}$ に解析的な関数をあてはめることをやめ，各時刻ごとにトレンド成分[1]と呼ぶ変数を導入し，その変数をつなげることで滑らかな曲線を表してみる．図 1.2（p.6）にその様子を模式的に描いた．×印がデータ，また○（白抜き青丸）があてはめるトレンド成分である．すべての時刻に○があることを理解しておいてほしい．今，時刻 t のトレンド成分を μ_t $(t = 1, \ldots, T)$ と

1 トレンド成分とは，データから周期的な成分やノイズを除いた，「データの長期的動向」のことである．たとえば，百貨店の売上データが，季節的な変動やその年のイベントやその他の要素によって変動しながらも，長期的に見れば右肩下がりで推移していたとする．このようなとき，データには負のトレンド成分が存在するという．

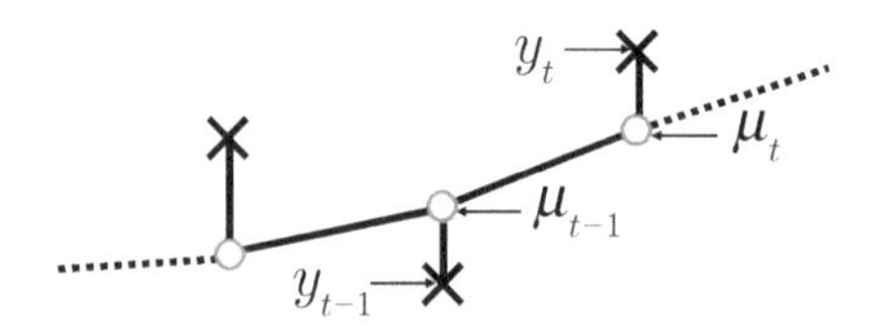

図 1.2　統計モデルによる曲線のあてはめ

記す．μ_t は，時刻 t における○の縦の座標の値になる．

曲線のあてはめなので，当然，「(条件 1) あてはめる直線 (○) は，データ (×) の位置に近いほうが望ましい」という要求がある．それとともに，滑らかな曲線を得たいので，「(条件 2) 連続する 3 つの○は，ほぼ一直線上にあってほしい」という期待もある．よって，これらを同時に満たすようにして○の位置を決めれば，データにフィットした滑らかな曲線が得られるであろう．一つの実現方法としては，次の関数を $\mu_{1:T}$ に関して最小化することが考えられる．

$$E(\mu_{1:T}|\alpha^2) = \sum_{t=1}^{T} (y_t - \mu_t)^2 + \frac{1}{\alpha^2} \sum_{t=1}^{T} (\mu_t - 2\mu_{t-1} + \mu_{t-2})^2 . \qquad (1.4)$$

ここで，μ_{-1} と μ_0 は所与の定数とする．この最小化する関数を，$\mu_{1:T}$ に関する**最適化関数**（あるいは**目的関数**）と呼ぶ．$E(\cdot|\cdot)$ の引数のうち縦バーの右側の変数は，バーの左側にある変数の最適化プロセス時には，あらかじめその値が固定されなければならない．バーの右側に分離し記すことで，変数の性質の違いを明確にしている．

第 1 項を減らすことが上述の条件 1，第 2 項を減らすことが条件 2 に相当する．第 2 項の前にある係数 $1/\alpha^2$ は，条件 1 と条件 2 のどちらを重要視するかをコントロールするパラメータである．α^2 が大きくなると，条件 1 が優遇される．$\alpha \to +\infty$ の極端な場合は，○は×にくっつく．これとは反対に α^2 が小さくなると条件 2 が優遇される．もし，$\alpha \to 0$ の極限の場合は全ての○は完全に一直線上に乗る．

端のとり扱い，つまり μ_{-1} と μ_0 のとり扱いをきっちりするためには細かく丁寧な議論が必要となるが，本書の想定する数理的レベルを大きく超える．

最適化関数の中身をよく見てみよう．第 1 項の和の中身はデータとトレンド成分の差の2乗なので，図1.2では○と×の距離，つまり縦棒の長さの2乗になっている．第2項の和の中身は，「3つの○が一直線上にある」との要求からのずれに対応する．もしそれらが一直線上にあったなら，3つの中で前（左側）の2つの○で決まる直線の傾きと，後ろ（右側）の○2つで決まる直線の傾きはまったく等しくなる．それを数式で表すと

$$\text{（左2つで決まる傾き）}\quad \mu_{t-1}-\mu_{t-2}=\mu_t-\mu_{t-1}\quad\text{（右2つで決まる傾き）}\tag{1.5}$$

である．この例では，傾きは μ_t の1階差分量で与えられる．隣同士の傾きは実際は等しくならないので，左辺を右辺に移項したあとの量，つまり1階差分の差分量

$$(\mu_t-2\mu_{t-1}+\mu_{t-2})\approx 0\tag{1.6}$$

は小さくあってはほしいがゼロではない．本書において ≈ 0 は，このような「できる限り小さくあってはほしいが，通常ゼロとなることはない」ことを表す記号である．この左辺の量は μ_t の2階差分量になる．したがって，式(1.4) (p.6) の第2項は，μ_t の2階差分量の2乗の総和である．

曲線が滑らかであってほしいという期待を，μ_t の2階差分量の2乗の総和を減らすことで実現したが，数理的表現は何もこれだけではない．1階差分でもいいし，また3階差分でもよい．さらに，2乗でなくて，差の絶対値でもよいし，両者の比の対数の2乗（$(\log(|\mu_t|/|\mu_{t-1}|))^2$）でもよい．隣同士の○の差が小さいだろうという直感からくる数理的表現は多数ある．その一つ一つが固有の最適化関数に対応している．

1.2.2 最適化関数とエネルギーの関係

α^2 の果たす役割をバネの物理（高校で習うはず）で理解してみよう．バネは，「バネ定数」に「もともとの力が加わっていない自然長からの偏差の2乗」を掛けた形式でエネルギーが蓄積されることを思い出してほしい．また以下の議論においては，重力の効果は無視する．説明をしやすくするために条件2 (p.6) をや

やシンプルにして，「（条件 2′）隣り合う 2 つの○はほぼ同じ位置にある」に変更する．すると，式 (1.4) は，

$$E(\mu_{1:T}|\alpha^2) = \sum_{t=1}^{T} (y_t - \mu_t)^2 + \frac{1}{\alpha^2} \sum_{t=1}^{T} (\mu_t - \mu_{t-1})^2 \tag{1.7}$$

になる．y_t は所与なのでその位置は変化しない．さらに問題の設定上，○の位置は縦には上下できるが横には移動できない．

今，y_t に根本をくくりつけられた，先端を○の位置とする，自然長がゼロのバネを考える．すると，$|y_t - \mu_t|$ はそのようなバネの伸び，また $1 \cdot (y_t - \mu_t)^2$ はバネ定数が 1 のバネエネルギーになる．次に，隣同士の○がバネ定数 $1/\alpha^2$ で連結されている状況を考える．ただし，今度のバネの自然長は，隣同士の時刻幅，つまり $(t - (t - 1)) = 1$ とする．そうすると，隣同士の○が横軸に平行な同じ位置から上下に移動したのちのバネに蓄積されるエネルギーは，

$$\frac{1}{\alpha^2} \left(\sqrt{1^2 + (\mu_t - \mu_{t-1})^2} - 1 \right)^2 \fallingdotseq \frac{1}{\alpha^2} (\mu_t - \mu_{t-1})^2 \tag{1.8}$$

となる．ただし，$1 \ll |\mu_t - \mu_{t-1}|$ と仮定する．なお，$\fallingdotseq$ は，「オーダー的にほぼ等しい」という近似を表し，本書で頻出する $\approx$ とは意味が異なることに注意する．$\fallingdotseq$ は本書においてはここでしか出てこないので，きっちり理解できなくとも気にする必要はない．

したがって，式 (1.7) は，図 1.3 （p.9）に示すような，×（データ）および相互に連結された $2T$ 個のバネ群のもつエネルギーであることがわかる．μ_1 は μ_0 とバネでつながれていることに注意する．この理解のもとで，α^2 の果たす役割を考えよう．まず α^2 が非常に小さい（$\alpha^2 \to 0$），図 1.3 の上のケースを見てみる．2 種類のバネ定数の比が $1 : (1/\alpha^2)$ なので，○を連結しているバネが非常に強いケースになる．すると，データにくくりつけられているもう一つのバネの伸びに関係なく，○はほぼ横一直線になる状況が容易に想像できよう．図 1.3 下のケースは，今度は逆に α^2 が非常に大きい場合（$\alpha^2 \to +\infty$）である．このときは，バネ定数 $1/\alpha^2$ はほぼゼロで，結果として横方向のバネはきわめて柔らかく自由に伸び縮みする．片やデータと○間の縦のバネが非常にかたいので，結果としての○の位置はほとんどデータに追従する．これらの説明は直感的にすぐに理解してもらえよう．

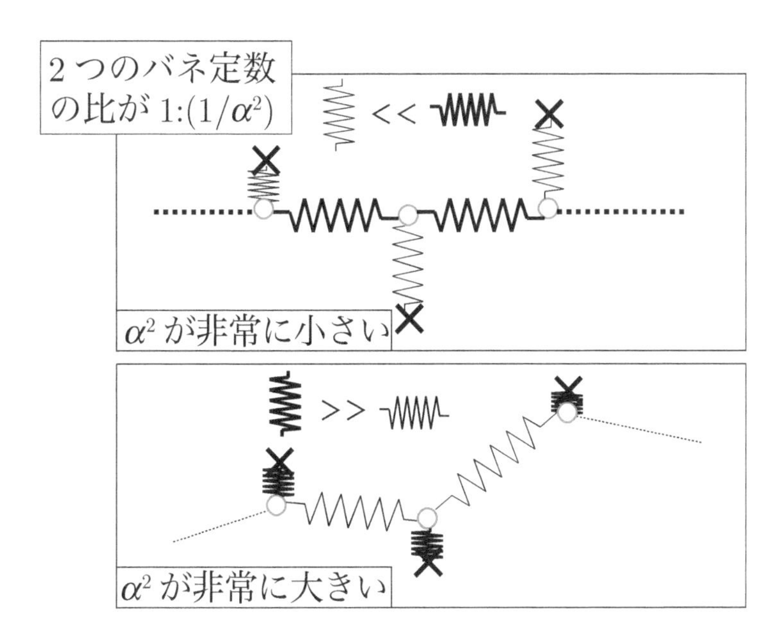

図 1.3　バネモデルによる解説

このように，α^2 は○の位置を決める，すべてを支配する重要なパラメータである．データ解析の言葉で説明すれば，式 (1.7) を最小にする $\mu_{1:T}$ は，α^2 の与え方次第で大きく変化することを示している．式 (1.4)（p.6）の最適化の場合も同様である．

1.2.3　最適化の解法

最適化関数式 (1.4)（p.6）を最小化する $\mu^*_{1:T}$ を求めるために，式 (1.4) を固定した α^2 のもとで，各 μ_t で微分してゼロとおいてみる．

$$\frac{\partial E(\mu_{1:T})}{\partial \mu_t} = 0 \quad (t = 1, \ldots, T). \tag{1.9}$$

未知数の数は T 個，また条件の数は T 個であるうえ，この方程式は μ_t に関して線形となるので，解はユニーク（一意）に定まる．解法も容易である．最適化関数の形が未知数 μ_t に関する 2 次形式となっているので，この点は容易に理解できると思う．わからない方は線形代数の教科書を参考にしていただきたい．もし，解法がわからなくても問題ない．この段階で理解しておいてほしい点は，

- α^2 を決めれば，$\mu_{1:T}$ はユニークに決まる
- α^2 を合理的に決める方法は最適化のプロセスには含まれていない．したがって，最適な $\mu_{1:T}$ も決定できない
- 上のポイントとも関連してくるが，$\mu_{1:T}$ の誤差評価もできない
- 最適化だけでは予測の実行は困難

である．これらの問題の解決策を平易に解説するのが本書の目的である．

1.3 … パターンの表現

小売りの売上データのように，消費者行動の曜日パターンや季節パターンが如実に現れるデータは非常に一般的である．このような，周期性を示すデータに対する予測を適切に行うことは，ビジネスにおいて最も大切な業務の一つである．実際，テレビなどのメディアで，「季調済みデータ」という言葉を耳にすることも多いが，「季調済みデータ」は季節調整済みデータの略で，もともとのデータから季節効果をとり除く処理が適用されている．もちろん，季節効果が毎年きっちり同じならば処理は簡単であるが，現実には繰り返すパターンは時間とともに変化するうえ，時折予想外のことも起きるため，単純な処理法では対処できない．

このことをもう少し具体的に，デパートの月別（期別）売上データを解析することで考えてみよう．月別データから季節効果をとり除き，傾向を推定する簡便法は，「前年同月比」を計算し，その時系列データを詳細に分析する方法である．メディアでも「前年同月比，マイナス 2.3%」という表現をよく耳にすると思う．この方法にはさまざまな欠点があるが，残念ながら，いまだにビジネスではよく使われている．

まず大きな欠点として，小売りの場合，日曜・祝日がその月に何回あったかが月別売上データに大きく影響するが，その効果が“比”データへの変換時にとり込まれていない．たとえば，去年の同じ月は日曜日が 4 回だったが，今年は日曜日が 5 回だった場合，単純に割り算しただけの前年同月比では傾向を量的な意味で正確に把握できない．また，かなり前になるが，消費税が導入された前後，あるいは 8% から 10% に税率が上げられた前後には売上は大きく変化したが，そのような特別な事象が存在する期間内で前年同月比の値を得ても正確な分析は望

めない．

要は，対象に関するいろんな知識をもっているのに，単純な既存の解析では自分がもっている知識を活かしきれない点が問題なのである．その結果，ありふれた予測しかできない．よりよい予測を行いたいなら，もっている知識を情報処理の中に直接持ち込む方策を考えるべきである．この知識の確度は，物理法則のようにきわめて高いものもあるだろうし，漠然とした単なる期待感のような非常に確度の低いものもあるだろう．その情報の確度をも何らかの形式で表現し，予測のための情報処理に導入することが肝要である．

統計的モデリングでは，データがどんな成分（要素）で，どのように構成されているかを最初に考える．これは物理や化学での，原子や分子の構成体として物質を表す（モデル化する）考え方に一見似ている．しかしながら，統計的モデリングにおける各成分は，原子や分子のように実体として定義されるものではない．データから“逆に”成分のありようを定義し，同時にデータの表現の仕方も推論していくのである．一方，物理や化学においては，各要素ははじめから定義してあり，その組み合わせと若干の変形によりデータを表そうとする．この思考法は“順問題”的といえる．順問題の解き方を徹底的に教育される分野出身の研究者は，データのモデリングがどうも苦手のように思えることが多い．

それでは，どのようにして実現したらよいであろうか．初章なのでごく最初の部分だけを以下に示す．データとして，図 1.1 (p.3) に示したレストランのランチの日ごと売上データをとり扱ってみよう．このデータを

$$y_t - (\mu_t + s_t) \approx 0 \tag{1.10}$$

で表現できると仮定する．ここで y_t は時刻 t の観測値，μ_t はそのときのトレンド成分である．また s_t は周期性をもつ成分に対応し，今の例だと曜日パターン成分になる．季節調整の目的のときには s_t は季節成分になるので，以後，簡単のために季節成分と呼ぶことにする．式 (1.10) の (　) の中では足し算を使ったが，掛け算でもよい．どちらがよいかを決める方法にはモデル比較と呼ばれる統計の知識が必要となる．第 5.2 節で説明するので，ここではその点は気にしなくてよい．ここでは，1 つの値をいくつかの成分に分けるので，逆問題になっている点に注意してほしい．

逆問題を解くのに魔法はない．諸々のノイズが観測・測定プロセスに混在する限り，事前知識，つまり別の情報を注入しない限り解けない．

トレンド成分については，第 1.2.1 項同様の 2 階差分量を小さくする要求（式 (1.6)（p.7））を採用する．季節成分に対しては，日ごとデータは 7 日の周期性を示すことから，「現時点と 1 週間前のデータは似ているであろう」との期待感を式で表すことにする．つまり，

$$s_t - s_{t-7} \approx 0. \tag{1.11}$$

この式には実は問題がある．横一直線（横軸に平行な直線）上の点列は当然式 (1.6) を満たすが，同時に式 (1.11) も満たす．横一直線上の点列は明らかに季節成分とはいえない．このことは，式 (1.11) を採用すると，データを分解して推定された季節成分 s_t が横一直線になってしまう可能性を示唆している．横一直線はトレンド成分として同定されるべきである．この問題を，識別性と呼ぶ．識別性の問題が発生する原因は，式 (1.11) の条件は季節成分固有の特徴ではないことによる．いい換えれば，異なる成分（ここでは μ_t と s_t）に対しては，異なる条件を課したほうが，データを複数の成分に分解する作業が自然に行える．

では，「週パターンはあまり変化しない」のなら，「1 週間の和がほぼ一定である」という条件

$$(s_{t-6} + s_{t-5} + s_{t-4} + s_{t-3} + s_{t-2} + s_{t-1} + s_t) \approx 0, \tag{1.12}$$

$$\left(s_{\text{月曜}} + s_{\text{火曜}} + s_{\text{水曜}} + s_{\text{木曜}} + s_{\text{金曜}} + s_{\text{土曜}} + s_{\text{日曜}}\right) \approx 0 \tag{1.13}$$

はどうであろうか？ 時刻 t が日曜日の場合の例を下に示した．月曜から日曜までのパターンの和がだいたいゼロである条件は，サイン波をイメージすると確かによさそうである．そのうえ，横一直線の値がゼロ（つまり横軸と一致）でない限り，季節成分が横一直線となる可能性を排除している．よって，季節成分に対する要求として，式 (1.12) は適切である．周期が $L+1$ の季節成分に対しては，この条件は

$$\sum_{l=0}^{L} s_{t-l} \approx 0 \tag{1.14}$$

と書ける．日ごとデータの場合は $L=6$，月別データなら $L=11$，また四半期

データ（3ヶ月に1回データがとれる．経済活動データに多い）なら $L = 3$ である．

式 (1.11) (p.12) と (1.12) (p.12) の関係は，以下で定義するバックワードオペレータ B を使うことで解析的に導出することができる．

$$\text{定義：}\quad Bs_t = s_{t-1} \tag{1.15}$$

時刻 t の成分 s_t にバックワードオペレータ B を作用させたら，時刻が1つ戻って s_{t-1} になる．そうすると，s_{t-7} は B を7回 s_t に作用させることで表現できるので，式 (1.11) 左辺に適用して

$$(1 - B^7)s_t \approx 0 \tag{1.16}$$

のように書ける．これを因数分解すると

$$(1 - B)(B^6 + B^5 + B^4 + B^3 + B^2 + B + 1) \cdot s_t \approx 0 \tag{1.17}$$

となる．左辺右側の括弧を s_t に作用させると式 (1.12) の条件が出てくる．なお，左辺左側の括弧を s_t に作用させた条件は，

$$s_t - s_{t-1} \approx 0 \tag{1.18}$$

のように1階差分量を小さくするモデルになる．これが，本文中で述べた横一直線上の点列を式 (1.11) が許容してしまう原因である．

データと各成分に対する要求，式 (1.10) (p.11)，(1.6) (p.7) と (1.12) が出そろったので，それらをここでまとめて最適化関数の形で表現しておこう．

$$E(\mu_{1:T}, s_{1:T}|\alpha_\mu^2, \alpha_s^2) = \sum_{t=1}^{T}(y_t - \mu_t - s_t)^2 + \frac{1}{\alpha_\mu^2}\sum_{t=1}^{T}(\mu_t - 2\mu_{t-1} + \mu_{t-2})^2 + \frac{1}{\alpha_s^2}\sum_{t=1}^{T}\left(\sum_{l=0}^{6} s_{t-l}\right)^2 . \tag{1.19}$$

ここで，$\{s_{-5}, s_{-4}, \ldots, s_0\}$ は所与とした．$\{\mu_{-1}, \mu_0\}$ についても同様である．3つある項で，最初の項が式 (1.10) に，第2項が式 (1.6) に，最後の項が式 (1.12) に対応している．また α_μ^2 および α_s^2 は，第1項の条件に対する各項の拘束力の程度をコントロールするパラメータである．値が大きいほど拘束力が低下する．

極端な場合はまったく無視することも可能である.

最適化関数式 (1.19) (p.13) を最小化する $(\mu^*_{1:T}, s^*_{1:T})$ を求めるために，式 (1.19) を各 μ_t および s_t で微分してゼロとおいてみる.

$$\frac{\partial E(\mu_{1:T}, s_{1:T})}{\partial \mu_t} = 0,$$
$$\frac{\partial E(\mu_{1:T}, s_{1:T})}{\partial s_t} = 0 \quad (t = 1, \ldots, T). \tag{1.20}$$

未知数の数は $2T$ 個，また条件の数は $2T$ 個であるうえ，この方程式は μ_t および s_t に関して線形となるので，解はユニークに定まる．ただし，$(\alpha^2_\mu, \alpha^2_s)$ はあらかじめ与えられなければならない.

第2章

確率による記述：基礎体力をつける

2.1 … 確率の基礎

2.1.1 同時確率と周辺確率

本書で頻出する確率の表記法について直感的に理解するために，100 人の買い物を記録したデータを使って解説する．30 人がコーヒー（インスタントコーヒーの瓶やコーヒーの粉，コーヒー豆の袋を含む）を買い，残りの 70 人はコーヒーを買わなかった．一方，牛乳（コーヒーミルクを含む）については 60 人が購入し，40 人は未購入であったとする．またこのとき，コーヒーと牛乳の両方を買ったのは 10 人であった．これから説明するときに，度々コーヒーだの牛乳だのを書くのは面倒なので，次のように書くことにしよう．

- A：コーヒーについて
  - $A=1$　コーヒーを買う
  - $A=0$　コーヒーを買わない
- B：牛乳について
  - $B=1$　牛乳を買う
  - $B=0$　牛乳を買わない

こうすると，お客さんがコーヒーを買う事象は $A=1$ と書くことになる．この事実をわかりやすくベン図で描くと図 2.1 (p.16) のようになる．

次に確率の表記法を導入しよう．はじめに，ある事象の確率を，その事象が起きた回数と全試行の回数の比で定義することにする．上記の例だとお客さんがコーヒーを買う確率 $P(A=1)=30/100$，牛乳を買う確率は $P(B=1)=60/100$ と

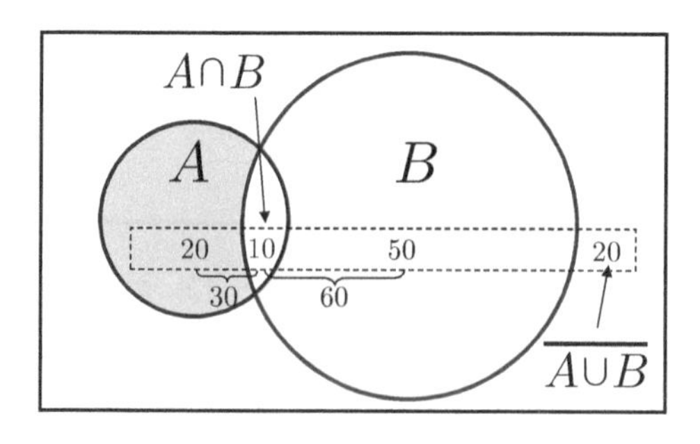

図 2.1　ベン図と確率

なる．また，図 2.1 の中央の白い部分が $A=1$ と $B=1$ が同時に起きる事象に対応するので，同時に起きる確率，つまり同時確率は $P(A=1, B=1)=10/100$ となる．全試行に相当する四角形の面積を 1 とした場合，各事象に相当する部分の面積が各事象の起きる確率だと思えば理解しやすい．なおこの確率の定義の背後には，お客さんの数が無限に多くなったときの極限を考えていることに注意しておく．

同時確率を使えば，コーヒーを買う確率はベン図からも明らかなように

$$
\begin{aligned}
P(A=1) &= P(A=1, B=1) + P(A=1, B=0) \\
&= \frac{10}{100} + \frac{20}{100} = \frac{30}{100}
\end{aligned} \tag{2.1}
$$

と計算でき，上述の値と一致することはすぐにわかるであろう．同様に，牛乳を買う確率は

$$
\begin{aligned}
P(B=1) &= P(A=1, B=1) + P(A=0, B=1) \\
&= \frac{10}{100} + \frac{50}{100} = \frac{60}{100}
\end{aligned} \tag{2.2}
$$

となる．この式が確率の加法定理である．$P(A=1)$（$P(B=1)$）は，ほかの変数 B（A）についての足し合わせだから，周辺確率と呼ばれる．

2.1.2　条件つき確率

ここで，コーヒーを買った（$A=1$）人の中で牛乳を買う（$B=1$）人の確率 $P(B=1|A=1)$ を考える．縦バーの右側は条件を示し，ここでは“コーヒーを買った”という事実がそれになる．$A=1$ が起きた左側の円の部分に注目する

と，コーヒーを買った人 30 人の中で牛乳を買った 10 人が占める割合が求める確率に相当する．

$$P(B=1|A=1)=\frac{10}{30}=\frac{1}{3}. \tag{2.3}$$

面積で考えれば，白い部分の面積 $P(A=1,B=1)$ を，この場合の全試行に相当する左側の円の部分の面積 $P(A=1)$ で割ればよい．

$$P(B=1|A=1)=\frac{P(A=1,B=1)}{P(A=1)}=\frac{10/100}{30/100}=\frac{10}{30}. \tag{2.4}$$

同様な考えで，牛乳を買った（$B=1$）人の中でコーヒーを買わない（$A=0$）人の確率は，

$$P(A=0|B=1)=\frac{P(A=0,B=1)}{P(B=1)}=\frac{50/100}{60/100}=\frac{50}{60} \tag{2.5}$$

となる．最初から直接，$B=1$ の事象に対応する右側の円のみに注目し，50/60 を得ても答えは同じになる．

ここまで A や B のような確率変数と，それらがとり得る値（上記の例だと 1 や 0）を区別し，事象が起きる確率を $P(A=1)$ のように表記してきたが，これ以後表記上の省力化のため，$p(A)$ と書けば，確率変数 A 上で定義された確率分布を指すものとする．わかりやすくいえば $p(A)$ は，A が離散値のみをとる場合はヒストグラム，連続値をとる場合は A の連続関数を示すと思ってもらって差し支えない．ただし確率変数なので，A の定義域で $p(A)$ の和をとれば（積分すれば）1 になる必要がある．

この準備のもとで，同時確率と条件つき確率を定義する．$p(A,B)$ は，「A かつ B の確率」である同時確率を意味し，上記の例だと，$P(A=1,B=1)$, $P(A=1,B=0)$, $P(A=0,B=1)$, $P(A=0,B=0)$ の 4 つの値の組が $p(A,B)$ を具体的に書き下したものになる．そうすると式 (2.1) （p.16）の一般形は，B が離散値のみをとる場合は

$$p(A)=\sum_{B}p(A,B) \tag{2.6}$$

と，また連続値をとる場合は

$$p(A)=\int_{B}p(A,B)\mathrm{d}B \tag{2.7}$$

と表せる．これらの式変形は**周辺化**と呼ばれ，次に説明するベイズの定理とあわせて，本書で度々出てくる操作なのでしっかりと学習してほしい．

B が何らかの値をとるという，B に関する情報が与えられた条件のもとで A の確率を，「B が所与のもとでの A の**条件つき確率**」と呼び，$p(A|B)$ と表記する．上記の例だと，$\{P(A=1|B=1),\ P(A=0|B=1)\}$, $\{P(A=1|B=0),\ P(A=0|B=0)\}$ が $p(A|B)$ を具体的に書き下したものになる．条件つき確率を使うと，式 (2.4) （p.17）や (2.5) （p.17）を見れば明らかなように，

$$p(A, B) = p(A|B)p(B) = p(B|A)p(A) \tag{2.8}$$

の確率の**乗法定理**がすっきりと表記できる．乗法定理の教えるところを言葉でいえば，「A と B の同時確率」が，

- 「B の確率」×「B が所与のもとでの A の条件つき確率」
- 「A の確率」×「A が所与のもとでの B の条件つき確率」

のどちらでも書けることを表している．この変形は以降も頻繁に出てくるのでよく理解しておいてほしい．

ここで初学者が陥りやすい勘違いについて説明しておく．$p(B|A)$ は "B" の条件つき確率なので，B について和をとれば（積分すれば）当然その値は 1 となる．

$$\sum_B p(B|A) = 1 \quad \left(\int_B p(B|A)\mathrm{d}B = 1\right). \tag{2.9}$$

一方，A は条件であるので，その変数について和をとっても（積分しても）1 には通常ならないことに注意してもらいたい．つまり，

$$\sum_A p(B|A) \neq 1 \quad \left(\int_A p(B|A)\mathrm{d}A \neq 1\right). \tag{2.10}$$

実際に具体的に計算して確認してみよう．

$$\begin{aligned}\sum_B P(B|A=1) &= P(B=1|A=1) + P(B=0|A=1) \\ &= \frac{10}{30} + \frac{20}{30} = 1,\end{aligned} \tag{2.11}$$

$$\sum_A P(B=1|A) = P(B=1|A=1) + P(B=1|A=0)$$
$$= \frac{10}{30} + \frac{50}{70} = \frac{22}{21} \neq 1. \tag{2.12}$$

2.1.3 ベイズの定理

式 (2.8) (p.18) を $p(B)$ で割れば,

$$\frac{p(A,B)}{p(B)} = p(A|B) = \frac{p(B|A)p(A)}{p(B)} \tag{2.13}$$

となる．この右側の等式がベイズの定理である．ここで，分母の $p(B)$ は式 (2.6) (p.17) により $p(B) = \sum_A p(A,B)$ のように同時確率の和で表現でき，さらに式 (2.8) を用いて $p(A,B) = p(B|A)p(A)$ と書けば，ベイズの定理は

$$p(A|B) = \frac{p(B|A)p(A)}{\displaystyle\sum_A p(B|A)p(A)} \tag{2.14}$$

と表せる．

この式の意味するところを少し考えてみよう．左側は「B が所与のもとでの A の条件つき確率」である．左辺の条件つき確率が,「A が所与のもとでの B の条件つき確率」を使って右辺のように書ける．「左辺の条件つき確率」と「右辺に出てくる条件つき確率」をよく見ると，A, B の現れ方が対称になっていることに十分注意していただきたい．この事実から，A と B が入れ替わっているのでベイズの定理をベイズの反転公式と呼ぶこともある．この反転公式には深い意味があり，この反転にこそすべてのベイズ統計のトリック，面白さが含まれている，といっても過言ではない．もう一つ，分母は分子の和で計算可能である点に留意していただきたい．

さて，ベイズの定理をベン図（図 2.1 (p.16)）で確認してみよう．上述の，牛乳を買った（$B=1$）人の中でコーヒーを買わない（$A=0$）人の条件つき確率をとり上げる．

$$P(A=0|B=1) = \frac{P(B=1|A=0)P(A=0)}{P(B=1|A=0)P(A=0) + P(B=1|A=1)P(A=1)}$$

$$= \frac{50/70 \cdot 70/100}{50/70 \cdot 70/100 + 10/30 \cdot 30/100} = \frac{50}{60} \tag{2.15}$$

となり，式 (2.5)（p.17）の値と一致する．このように，$P(\cdot|B=1)$ がわからない状況下でも，$P(B|A)$ と $P(A)$ がわかれば $P(\cdot|B=1)$ が計算できることを，ベイズの定理は教えてくれている．

2.2 … 最適化問題から統計モデルへ

2.2.1 同時確率の分解と予測確率

ここでは，第 1.2 節でとり上げた最適化問題を，最適化関数の式変形を行うことにより，統計モデルに変換する．まず，第 1 章で導入した表記法（式 (1.1)（p.3)）を再度確認する．

$$y_{1:T} \equiv [y_1, y_2, \ldots, y_T]. \tag{再掲}$$

この表記法に関する準備のもとで，$y_{1:T}$ から y_T を 1 つ除いた，つまり $y_{1:T-1}$ が所与のもとでの y_T の条件つき分布を考える．式 (2.8)（p.18）より

$$p(y_{1:T}) = p(y_T|y_{1:T-1}) \cdot p(y_{1:T-1}) \tag{2.16}$$

となる．これは，データすべての同時確率が，「$y_{1:T-1}$ が与えられたもとでの y_T の条件つき確率」掛ける「その条件の部分 $y_{1:T-1}$ の確率」に分けられることを意味している．同様にして，今度は右辺の 2 番目の $p(y_{1:T-1})$ を $p(y_{T-1}|y_{1:T-2}) \cdot p(y_{1:T-2})$ と分解する．この操作を繰り返し適用すれば，**同時確率（分布）の分解公式**

$$p(y_{1:T}) = \prod_{t=1}^{T} p(y_t|y_{1:t-1}) \tag{2.17}$$

を得る．ただし，$y_{1:0} \equiv \phi$（空集合，つまり，条件がない）とする．この分解式 (2.17) は意味を理解しやすい構造になっている．$p(y_t|y_{1:t-1})$ は $y_{1:t-1}$ が所与のもとでの y_t の確率なので，1 時刻前までのデータを観測したもとでの現時刻のデータの確率に相当する．よって，この条件つき確率のことを**予測確率**と呼ぶ．式 (2.17) は，データの確率が予測確率の積で表現されることを意味している．

2つの確率変数の系列 $x_{1:T}, y_{1:T}$ をとり扱う場合でも同様の議論ができ，

$$
\begin{aligned}
&p(x_{1:T}, y_{1:T}) \\
&= p(y_T|y_{1:T-1}, x_{1:T}) \cdot p(y_{1:T-1}, x_{1:T}) \\
&= p(y_T|y_{1:T-1}, x_{1:T}) \cdot p(x_T|y_{1:T-1}, x_{1:T-1}) \cdot p(y_{1:T-1}, x_{1:T-1}) \\
&= \quad \cdots\cdots\cdots \\
&= \prod_{t=1}^{T} p(y_t|y_{1:t-1}, x_{1:t}) p(x_t|y_{1:t-1}, x_{1:t-1})
\end{aligned}
\tag{2.18}
$$

を得る．ここで y_t を時刻 t のデータ，x_t をそのときの直接観測できない（統計では，潜在変数と呼んでいる）興味の対象とする．すると同時確率は，「時刻1から直前の時刻までの潜在変数の情報 $x_{1:t-1}$ とデータの過去の観測値 $y_{1:t-1}$ が与えられたもとでの，時刻 t の潜在変数 x_t の予測確率」と「時刻 t までの潜在変数の情報 $x_{1:t}$ とデータの過去の観測値 $y_{1:t-1}$ が与えられたもとでの，時刻 t のデータ y_t の予測確率」の両項の全部の掛け算になっている．

式(2.18)は一般に成り立つ式なので，時系列でなく，系列データでも自然な座標系を定義できれば，有用な式である．つまり，そのような設定でのデータ解析においては，t を時刻と思わずに座標系インデックスと見れば，式(2.18)は活躍の場があり得る．

2.2.2 最大事後確率解

式(1.4)（p.6）の E を最小にする最適解 $\mu^*_{1:T}$ は，全体に $-1/(2\sigma^2)$ を掛けて exp をとった関数

$$
\begin{aligned}
&\exp\left(-\frac{E(\mu_{1:T})}{2\sigma^2}\right) \\
&= \exp\left\{-\frac{1}{2\sigma^2}\sum_{t=1}^{T}(y_t-\mu_t)^2\right\}\exp\left\{-\frac{1}{2\sigma^2\alpha^2}\sum_{t=1}^{T}(\mu_t-2\mu_{t-1}+\mu_{t-2})^2\right\}
\end{aligned}
\tag{2.19}
$$

を最大化する解でもある．ただし，σ^2 も所与の量とする．さらに，前の exp に $1/(\sqrt{2\pi\sigma^2})^T$ を，また後ろの exp に $1/(\sqrt{2\pi\sigma^2\alpha^2})^T$ を掛け，和の exp を積に書

き直す．その関数を $q(\mu_{1:T})$ と記しておく．

$$q(\mu_{1:T}) = \left(\prod_{t=1}^{T} \frac{1}{\sqrt{2\pi\sigma^2}} \exp\left\{-\frac{(y_t - \mu_t)^2}{2\sigma^2}\right\}\right) \times \left(\prod_{t=1}^{T} \frac{1}{\sqrt{2\pi\sigma^2\alpha^2}} \exp\left\{-\frac{(\mu_t - (2\mu_{t-1} - \mu_{t-2}))^2}{2\sigma^2\alpha^2}\right\}\right). \quad (2.20)$$

まず，前半部分について考察してみる．この式は，y_t を確率変数と考えたとき，それが平均値 μ_t，分散が σ^2 のガウス分布 $N(\mu_t, \sigma^2)$ に従うことを意味している．つまり，

$$p(y_t|\mu_t, \sigma^2) = \frac{1}{\sqrt{2\pi\sigma^2}} \exp\left\{-\frac{(y_t - \mu_t)^2}{2\sigma^2}\right\} = N(\mu_t, \sigma^2). \quad (2.21)$$

ガウス分布のことを正規分布と呼ぶこともよくある．

式 (2.20) の後半部分は，μ_t を確率変数と考えたとき，その分布が平均値 $2\mu_{t-1} - \mu_{t-2}$，分散が $\sigma^2\alpha^2$ のガウス分布になることを意味している．つまり，

$$p(\mu_t|\mu_{t-1}, \mu_{t-2}, \sigma^2, \alpha^2) = N(2\mu_{t-1} - \mu_{t-2}, \sigma^2\alpha^2). \quad (2.22)$$

式 (2.21) および (2.22) より，関数 $q(\mu_{1:T})$ は，

$$q(\mu_{1:T}) = \prod_{t=1}^{T} p(y_t|\mu_t, \sigma^2) p(\mu_t|\mu_{t-1}, \mu_{t-2}, \sigma^2, \alpha^2) \quad (2.23)$$

と表現できる．右辺は，$\mu_t = x_t$ と置き換えれば，式 (2.18) （p.21）の特殊形になっていることがすぐに見てとれる．実際，σ^2 と α^2 を所与とすれば，$p(y_t|\mu_t)$ は $p(y_t|y_{1:t-1}, x_{1:t})$ の，また $p(\mu_t|\mu_{t-1}, \mu_{t-2})$ は $p(x_t|y_{1:t-1}, x_{1:t-1})$ の，各々最もシンプルなものになっている．よって，$q(\mu_{1:T})$ は，$\mu_{1:T}$ と $y_{1:T}$ の同時確率 $p(\mu_{1:T}, y_{1:T})$ にほかならないことがわかる．したがって，第 1.2 節で求めた $\mu^*_{1:T}$ は同時確率を最大にする解である．

さらにはベイズの定理により，

$$p(\mu_{1:T}|y_{1:T}) = \frac{p(\mu_{1:T}, y_{1:T})}{p(y_{1:T})} \propto p(\mu_{1:T}, y_{1:T}) \quad (2.24)$$

であることがいえる．データは所与（つまり，$p(y_{1:T})$ は何かしらの値をとる）なので，$\mu_{1:T}$ の関数として見れば，最左辺の条件つき分布は同時分布に比例する．

この条件つき分布を，データ $y_{1:T}$ が与えられたあとの分布であることから，事後分布と呼ぶ．同時確率を最大にする解 $\mu^*_{1:T}$ は，事後確率を最大にする解，つまり**最大事後確率解**（通常，Maximum A Posteriori 解の略称で，**MAP** 解という）でもある．

この節では，式 (1.4) (p.6) の E のような，残差の2乗和で定義される目的関数はガウス分布に必ず関連づけられること，さらに，目的関数を最大にすることは，同時確率あるいは事後確率を最大にする解の探索にほかならないことを示した．ただし，ガウス分布が導かれることを示したかったのではない．変形の結果として確率分布の一つであるガウス分布が出てきたので，同時分布，あるいは事後分布などの確率統計の視点で議論できる場が得られたことがうれしかったのである．変形の結果，何か別の分布形が出てきてもよかったのである．

本書では頻繁にガウス分布が出てくる．しかしながら，これから以降を読みすすめるにあたってガウス分布の諸性質をあらかじめ知識として求めていない．単峰性（ピーク値が1つしかない）と，そのピークに関して対称であること程度を理解しておけばよい．ガウス分布はそのような確率分布の事例として利用しやすいため，本書では特に応用の解説時に頻出してくる．利用しやすい理由は，その分布に従う乱数列をつくることが計算上非常に容易である点や，関数形自体が理解しやすい点などである．

第3章

統計モデル：予測機能を構造化する

3.1 … 状態空間モデル

3.1.1 状態ベクトル

■ トレンドモデル

ガウス分布 $N(0,\sigma^2)$ に従う w_t に μ_t を線形に加えて生成する y_t の確率分布は，式 (2.21)（p.22）のガウス分布 $N(\mu_t,\sigma^2)$ になることは明らかであろう．よって，式 (2.21) は以下の確率差分方程式と等価である．

$$y_t = \mu_t + w_t, \quad w_t \sim N(0,\sigma^2). \tag{3.1}$$

この w_t のことを観測データに混在するノイズ項ということで観測ノイズと呼ぶ．測定ノイズともいう．$w_t \sim$ の記号は，「確率変数 w_t が $\sim$ の右側に記される確率分布に従うこと」を意味する．同様に，$N(0,\sigma^2\alpha^2)$ に従う v_t に $2\mu_{t-1}-\mu_{t-2}$ を加えて生成する μ_t の確率分布は，式 (2.22)（p.22）のガウス分布 $N(2\mu_{t-1}-\mu_{t-2},\sigma^2\alpha^2)$ になる．よって，式 (2.22) は以下の確率差分方程式と等価である．

$$\mu_t = 2\mu_{t-1} - \mu_{t-2} + v_t, \quad v_t \sim N(0,\alpha^2\sigma^2). \tag{3.2}$$

この v_t のことを，μ_t の前の時刻から現在の値への更新プロセス時にかかわるノイズということで更新ノイズと呼ぶ．更新プロセスは，興味のある対象，つまりシステム内で起こると考えているため，システムノイズと呼ぶことが一般的である．2 つの確率差分方程式 (3.1) と (3.2) の組で与えられる統計モデルをトレンドモデルと呼ぶ．正確にいえば，“2 階差分” トレンドモデルである．

今，次のようなベクトル $\boldsymbol{x}_t$ を定義する．

$$\boldsymbol{x}_t \equiv \begin{bmatrix} \mu_t \\ \mu_{t-1} \end{bmatrix}. \tag{3.3}$$

時刻を 1 つ前にしたベクトルは

$$\boldsymbol{x}_{t-1} = \begin{bmatrix} \mu_{t-1} \\ \mu_{t-2} \end{bmatrix} \tag{3.4}$$

となる．左辺に $\boldsymbol{x}_t$，右辺に時刻を 1 つ前にしたベクトル $\boldsymbol{x}_{t-1}$ をおき，上述したシステムノイズ v_t も使って，それらを次のように結びつける．

$$\begin{bmatrix} \mu_t \\ \mu_{t-1} \end{bmatrix} = \begin{bmatrix} 2 & -1 \\ 1 & 0 \end{bmatrix} \begin{bmatrix} \mu_{t-1} \\ \mu_{t-2} \end{bmatrix} + \begin{bmatrix} 1 \\ 0 \end{bmatrix} \cdot v_t. \tag{3.5}$$

この式の第 1 行目は，式 (3.2) （p.24） $\mu_t = 2\mu_{t-1} - \mu_{t-2} + v_t$ となり，上述した μ_t の時刻に関する漸化式そのものとなる．行列の 2 行目は恒等式 $\mu_{t-1} = \mu_{t-1}$ となる．

次に，右辺に $\boldsymbol{x}_t$ を，左辺に y_t をおき，上述した観測ノイズ w_t を使って両者の関係を記述する．

$$y_t = \begin{bmatrix} 1 & 0 \end{bmatrix} \begin{bmatrix} \mu_t \\ \mu_{t-1} \end{bmatrix} + w_t. \tag{3.6}$$

右辺を要素で書けば，式 (3.1) （p.24） の $y_t = \mu_t + w_t$ が出てくる．ここで定義したベクトル $\boldsymbol{x}_t$ を**状態ベクトル**，またその要素を**状態変数**と呼ぶ．

> 時刻 t の状態ベクトルの中に，μ_{t-1} のような時刻 t よりも前の変数があってもいいことはよく記憶にとどめておいてほしい．

季節調整モデル

それでは第 1.3 節で触れた季節調整モデルも状態ベクトルを用いて表現してみよう．第 2.2 節で述べた最適化問題から統計モデルへの変形と，上述したトレンドモデルの確率差分方程式への変形を参考にすれば，季節調整のための最適化関数式 (1.19) （p.13） は統計モデルとして以下の 3 つの確率差分方程式の組にまとめられる．

$$y_t = \mu_t + s_t + w_t, \quad w_t \sim N(0, \sigma^2), \tag{3.7}$$

$$\mu_t = 2\mu_{t-1} - \mu_{t-2} + v_{\mu,t}, \quad v_{\mu,t} \sim N(0, \alpha_\mu^2 \sigma^2), \tag{3.8}$$

$$s_t = -\sum_{l=1}^{6} s_{t-l} + v_{s,t} \quad v_{s,t} \sim N(0, \alpha_s^2 \sigma^2). \tag{3.9}$$

このモデルのことを季節調整モデルと以下，呼ぶことにする．

季節調整の場合は状態ベクトルとして以下を用いればよい．

$$\boldsymbol{x}_t^{\mathrm{tp}} \equiv [\mu_t, \mu_{t-1} \mid s_t, s_{t-1}, s_{t-2}, s_{t-3}, s_{t-4}, s_{t-5}]. \tag{3.10}$$

なおここで tp は転置操作を示す．つまり，$\boldsymbol{x}_t$ は縦ベクトルだが，転置により $\boldsymbol{x}^{\mathrm{tp}}$ は横ベクトルになる．また縦バーは変数が異なることを視認しやすくするために入れただけであって，数学的に意味はない．

この準備のもとで，左辺に $\boldsymbol{x}_t$，右辺に時刻を 1 つ前にしたベクトル $\boldsymbol{x}_{t-1}$ を使って，式 (3.8) と (3.9) の関係を以下のように表現できる．

$$\left[\begin{array}{c} \mu_t \\ \mu_{t-1} \\ \hline s_t \\ s_{t-1} \\ s_{t-2} \\ s_{t-3} \\ s_{t-4} \\ s_{t-5} \end{array}\right] = \left[\begin{array}{cc|cccccc} 2 & -1 & 0 & 0 & 0 & 0 & 0 & 0 \\ 1 & 0 & 0 & 0 & 0 & 0 & 0 & 0 \\ \hline 0 & 0 & -1 & -1 & -1 & -1 & -1 & -1 \\ 0 & 0 & 1 & 0 & 0 & 0 & 0 & 0 \\ 0 & 0 & 0 & 1 & 0 & 0 & 0 & 0 \\ 0 & 0 & 0 & 0 & 1 & 0 & 0 & 0 \\ 0 & 0 & 0 & 0 & 0 & 1 & 0 & 0 \\ 0 & 0 & 0 & 0 & 0 & 0 & 1 & 0 \end{array}\right] \left[\begin{array}{c} \mu_{t-1} \\ \mu_{t-2} \\ \hline s_{t-1} \\ s_{t-2} \\ s_{t-3} \\ s_{t-4} \\ s_{t-5} \\ s_{t-6} \end{array}\right] + \left[\begin{array}{c|c} 1 & 0 \\ 0 & 0 \\ \hline 0 & 1 \\ 0 & 0 \\ 0 & 0 \\ 0 & 0 \\ 0 & 0 \\ 0 & 0 \end{array}\right] \left[\begin{array}{c} v_{\mu,t} \\ v_{s,t} \end{array}\right]. \tag{3.11}$$

この式の第1行目は式 (3.8)（p.26）に，また第3行目は (3.9)（p.26）に対応する．それ以外の行は $\mu_{t-1} = \mu_{t-1}$ のような恒等式になる．

次に，右辺に $\boldsymbol{x}_t$ を，左辺に y_t をおき，観測ノイズ w_t を使って両者の関係を記述する．

$$
y_t = \left[\begin{array}{cc|cccccc} 1 & 0 & 1 & 0 & 0 & 0 & 0 & 0 \end{array}\right] \left[\begin{array}{c} \mu_t \\ \mu_{t-1} \\ \hline s_t \\ s_{t-1} \\ s_{t-2} \\ s_{t-3} \\ s_{t-4} \\ s_{t-5} \end{array}\right] + w_t. \tag{3.12}
$$

右辺を要素で書けば式 (3.7)（p.26）が出てくる．

3.1.2 線形ガウス状態空間モデル

このように書けば，式 (3.5)（p.25）と (3.6)（p.25）の状態ベクトル $\boldsymbol{x}_t$ と観測データ y_t にかかわる関係式はすべて行列とベクトルで書ける．

$$
\boldsymbol{x}_t = F\boldsymbol{x}_{t-1} + Gv_t, \quad v_t \sim N(0, \alpha^2\sigma^2), \tag{3.13}
$$

$$
y_t = H\boldsymbol{x}_t + w_t, \quad w_t \sim N(0, \sigma^2). \tag{3.14}
$$

ここで，行列 F, G, H は，トレンドモデルの場合，式 (3.5) と (3.6) より

$$
F = \begin{bmatrix} 2 & -1 \\ 1 & 0 \end{bmatrix}, \quad G = \begin{bmatrix} 1 \\ 0 \end{bmatrix}, \quad H = \begin{bmatrix} 1 & 0 \end{bmatrix}. \tag{3.15}
$$

式 (3.13) と (3.14) をより一般的に書けば

$$
\boldsymbol{x}_t = F_t\boldsymbol{x}_{t-1} + G_t\boldsymbol{v}_t, \quad \boldsymbol{v}_t \sim N(\boldsymbol{0}, Q_t), \tag{3.16}
$$

$$
\boldsymbol{y}_t = H_t\boldsymbol{x}_t + \boldsymbol{w}_t, \quad \boldsymbol{w}_t \sim N(\boldsymbol{0}, R_t) \tag{3.17}
$$

となる．データはベクトル量に一般化されていることに注意する．上段をシステムモデル，また下段を観測モデルと呼ぶ．さらに，この2つをあわせて線形ガウ

ス状態空間モデルという．$\boldsymbol{v}_t$ と $\boldsymbol{w}_t$ も通常ベクトルである．よって，Q_t, R_t が多次元ガウス分布を記述するパラメータである，共分散行列（厳密にいうと「分散共分散行列」だが本書ではこのように略記する）になる．時刻が共分散行列にもついているように，所与であれば時刻に依存してもよい．F_t, G_t, H_t も同様である．

季節調整モデルの場合は，式 (3.11) （p.26）および (3.12) （p.27）より明らか．

$$F = \left[\begin{array}{cc|cccccc} 2 & -1 & 0 & 0 & 0 & 0 & 0 & 0 \\ 1 & 0 & 0 & 0 & 0 & 0 & 0 & 0 \\ \hline 0 & 0 & -1 & -1 & -1 & -1 & -1 & -1 \\ 0 & 0 & 1 & 0 & 0 & 0 & 0 & 0 \\ 0 & 0 & 0 & 1 & 0 & 0 & 0 & 0 \\ 0 & 0 & 0 & 0 & 1 & 0 & 0 & 0 \\ 0 & 0 & 0 & 0 & 0 & 1 & 0 & 0 \\ 0 & 0 & 0 & 0 & 0 & 0 & 1 & 0 \end{array}\right], \quad G = \left[\begin{array}{c|c} 1 & 0 \\ 0 & 0 \\ \hline 0 & 1 \\ 0 & 0 \\ 0 & 0 \\ 0 & 0 \\ 0 & 0 \\ 0 & 0 \end{array}\right],$$

$$H = \left[\begin{array}{cc|cccccc} 1 & 0 & 1 & 0 & 0 & 0 & 0 & 0 \end{array}\right], \quad \boldsymbol{v}_t = \left[\begin{array}{c} v_{\mu,t} \\ v_{s,t} \end{array}\right]. \tag{3.18}$$

3.1.3 カオスモデルから一般形へ

式 (3.16) （p.27）ではシステムモデルが線形になっているが，これを非線形に拡張する．システムノイズは非線形関数 $f_t(\cdot)$ に引数としてとり込まれている．

$$\boldsymbol{x}_t = f_t(\boldsymbol{x}_{t-1}, \boldsymbol{v}_t), \quad \boldsymbol{v}_t \sim N(\boldsymbol{0}, Q_t), \tag{3.19}$$

$$\boldsymbol{y}_t = H_t \boldsymbol{x}_t + \boldsymbol{w}_t, \quad \boldsymbol{w}_t \sim N(\boldsymbol{0}, R_t). \tag{3.20}$$

観測モデルは線形のままとする．よく耳にするカオスの時系列モデルは，この式のようにダイナミクスが非線形であり，観測モデルは加法的にノイズが加わるものである．ただし，システムノイズが $\boldsymbol{0}$ である．

これまで観測モデルが線形ガウスであったが，$\boldsymbol{y}_t = h_t(\boldsymbol{x}_t, \boldsymbol{w}_t)$ のような非線形もあり得るだろう．さらに，今までシステムおよび観測ノイズの分布はガウス分布であったが，それが非ガウスのときもあり得る．非線形・非ガウス状態空間モデルは以下で定義される．

$$\boldsymbol{x}_t = f_t(\boldsymbol{x}_{t-1}, \boldsymbol{v}_t), \quad \boldsymbol{v}_t \sim p(\boldsymbol{v}|\boldsymbol{\theta}_{\text{sys}}), \tag{3.21}$$

$$\boldsymbol{y}_t = h_t(\boldsymbol{x}_t, \boldsymbol{w}_t), \quad \boldsymbol{w}_t \sim p(\boldsymbol{w}|\boldsymbol{\theta}_{\text{obs}}). \tag{3.22}$$

$p(\boldsymbol{v}|\boldsymbol{\theta}_{\text{sys}})$ および $p(\boldsymbol{w}|\boldsymbol{\theta}_{\text{obs}})$ は，$\boldsymbol{\theta}_{\text{sys}}$ および $\boldsymbol{\theta}_{\text{obs}}$ をそれぞれパラメータベクトルとしてもつ任意の確率分布である．それらがもしガウス分布であったなら，Q_t や R_t に含まれる未知パラメータで構成するベクトルが $\boldsymbol{\theta}_{\text{sys}}$ や $\boldsymbol{\theta}_{\text{obs}}$ となる．実践編で後述するデータ同化（第 10 章で解説）の計算の枠組みは，この非線形・非ガウスモデルで表現できる．ただし，データ同化の場合は $f_t(\cdot)$ が解析的に与えられず，シミュレーションのプログラム（シミュレーションコードと呼ばれる），あるいは計算パッケージとしてしか存在しないときもある．既存のデータ同化の問題は，実はほとんどの場合，その中の特殊形である非線形・ガウス時系列モデルで記述できる．詳細は第 10 章を参照すること．

この流れの究極の拡張は，システムモデルが，1 つ前の時刻の状態ベクトル $\boldsymbol{x}_{t-1}$ が所与のもとでの条件つき分布で与えられ，一方 $\boldsymbol{x}_t$ が所与のもとでの条件つき分布で観測モデルが記述される形式である．つまり，

$$\boldsymbol{x}_t \sim p(\boldsymbol{x}_t|\boldsymbol{x}_{t-1}), \tag{3.23}$$

$$\boldsymbol{y}_t \sim p(\boldsymbol{y}_t|\boldsymbol{x}_t). \tag{3.24}$$

この 2 つの式をまとめて**状態空間モデル**，あるいは一般状態空間モデルと呼ぶ．実際には，$p(\boldsymbol{x}_t|\boldsymbol{x}_{t-1})$ や $p(\boldsymbol{y}_t|\boldsymbol{x}_t)$ に，$\boldsymbol{\theta}_{\text{sys}}$ や $\boldsymbol{\theta}_{\text{obs}}$ の未知のパラメータベクトルを含むことが普通であるが，以下の議論では式の導出上特に問題にならない限りその表記を省略する．

> 制御理論の分野だと，状態空間モデルといった場合には単に線形ガウス状態空間モデルを指すことが多い．そのような場合は，式 (3.23) と (3.24) で定義されるモデルのことを一般（化）状態空間モデルと呼ぶ．一方時系列解析の分野で状態空間モデルといった場合は，式 (3.23) と (3.24) で定義されるモデルを指す．よって，分野によって “状態空間モデル” の定義が異なることに注意せねばならない．

3.1.4 潜在変数の時間軸拡張

式 (3.23) および (3.24) で状態空間モデルを定義したときには，$\boldsymbol{x}_t$ と $\boldsymbol{y}_t$ の関

係は時間軸に関して1対1になっているが，必ずしもそうである必要はない．たとえば，システムモデルで記述される $\boldsymbol{x}_t$ のダイナミクスが観測時間間隔と比較して早い時間スケール性を示す場合，システムモデルの更新の時間間隔は観測時間間隔よりもずっと細かくすべきである．そのような場合，離散時間の時刻 $t = 1, 2, 3, \ldots$ というのはシステムモデルの更新時間間隔で刻み，その離散時間の上でデータはたまにしか観測されないとすればよい．実際，その時間間隔で，10回に1回しか観測されないデータ系列 $y_1, y_2, \ldots, y_{t'}$ がある場合には，時刻 $t = 1$ に最初のデータが観測されたとして，

$$
\begin{aligned}
x:&\quad t = 1, 2, 3, \ldots, 9, 10, 11, 12, 13, \ldots, 19, 20, 21, \\
y:&\quad t' = 1, \qquad\qquad\qquad\quad 2, \qquad\qquad\qquad\qquad 3
\end{aligned}
$$

と t' を t に対応づけする．上に示したように $t' = 2 \rightarrow t = 11$ のような時刻の読み替えをするのである．$t = 2, \ldots, 10$ の途中の時刻は**欠損**（ミッシング）―データがない，すなわち空集合 ϕ―としてとり扱えばよい．つまり，

$$
y_t \equiv [y_{t'=1}, \phi, \ldots, \phi, y_{t'=2}, \phi, \ldots, \phi, y_{t'=3}, \ldots]. \tag{3.25}
$$

また観測時間間隔が不等のときは，それらの公約数でもってシステムモデルの更新時間間隔とする．

このような添え字のつけ替えを行うことで，システムモデルの時間更新がデータの観測タイミングよりも速いような場合でも，この章で議論したことはすべて成り立つことは留意すべきである．

3.2 … 鎖状構造グラフィカルモデル

3.2.1 2つのマルコフ性

式(2.18)（p.21）の同時確率の分解の式に立ち戻ろう．式(3.23)（p.29）および(3.24)（p.29）は，各々 $p(\boldsymbol{x}_t|\boldsymbol{y}_{1:t-1}, \boldsymbol{x}_{1:t-1})$ および $p(\boldsymbol{y}_t|\boldsymbol{y}_{1:t-1}, \boldsymbol{x}_{1:t})$ の特殊形になっていることに気がつく．つまり，「$\boldsymbol{x}_t$ の分布が定まるには，$\boldsymbol{x}_{t-1}$ のみが与えられれば十分」であり，「$\boldsymbol{y}_t$ の分布も $\boldsymbol{x}_t$ だけが与えられれば十分」と仮定したわけである．いい換えれば，同時分布 $p(\boldsymbol{x}_{1:T}, \boldsymbol{y}_{1:T})$ の一般形に対し，2つのマルコフ性

マルコフ性 1

$$p(\boldsymbol{x}_t|\boldsymbol{x}_{1:t-1}, \boldsymbol{y}_{1:t-1}) \Longrightarrow p(\boldsymbol{x}_t|\boldsymbol{x}_{t-1}), \tag{3.26}$$

マルコフ性 2

$$p(\boldsymbol{y}_t|\boldsymbol{x}_{1:t}, \boldsymbol{y}_{1:t-1}) \Longrightarrow p(\boldsymbol{y}_t|\boldsymbol{x}_t) \tag{3.27}$$

を仮定することにより，同時分布を計算可能な形にしたのである．この結果同時分布は，式 (2.18)（p.21）の一般式の特殊形

$$p(\boldsymbol{x}_{1:T}, \boldsymbol{y}_{1:T}) \equiv \prod_{t=1}^{T} p(\boldsymbol{y}_t|\boldsymbol{x}_t)p(\boldsymbol{x}_t|\boldsymbol{x}_{t-1}) \tag{3.28}$$

となる．

よく勘違いしている人がいるが，時刻 t の状態ベクトルに時刻 t でない変数を含んでもかまわない．式 (3.26) および (3.27) の 2 つのマルコフ性が成り立つように，必要なら時刻 t よりも前の時刻の変数群を時刻 t の状態ベクトルに加える方針で状態ベクトルを構成すればよい．第 10 章で説明するデータ同化の応用例だと，時刻 t の変数だけで状態ベクトルを構成することが多々あるが，その場合はマルコフ性が成り立っているとは必ずしも限らないので要注意である．

3.2.2 グラフィカルモデル

グラフィカルモデルは，確率変数をノードに，変数間の関係を矢印（有向の場合）や線（無向の場合）で表現したグラフである．ここでグラフィカルモデルをもち出したのは，これから先の章でいろいろな条件つき分布を扱う場面が出てくるが，そんなときグラフで表現していると，どれがどれに依存しているのかが非常にわかりやすいからである．これはベイズ統計一般にあてはまる．式 (3.23)（p.29）および (3.24)（p.29）をグラフィカルモデルで表現したものが図 3.1（p.32）である．変数が横に時刻の順番に並んでいる．下が潜在変数ベクトル $\boldsymbol{x}_t$，上が観測ベクトル $\boldsymbol{y}_t$ である．まず，$\boldsymbol{x}_0$ が与えられたとする．潜在変数ベクトル $\boldsymbol{x}_1$ は矢印（→）が示すように $\boldsymbol{x}_0$ にしか依存していない．一方，観測ベクトル $\boldsymbol{y}_1$ は矢印（↑）が示すように $\boldsymbol{x}_1$ にしか依存していない．これらの関係をずらずらと時間方向に並べた図が**鎖状構造グラフィカルモデル**である．→および↑矢印が各々

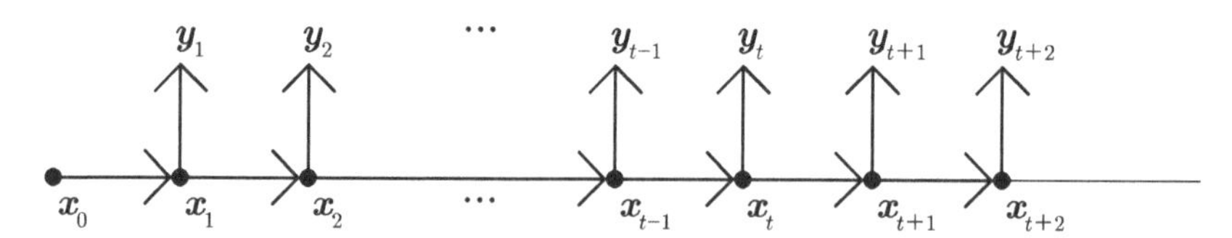

図 3.1　鎖状構造グラフィカルモデル

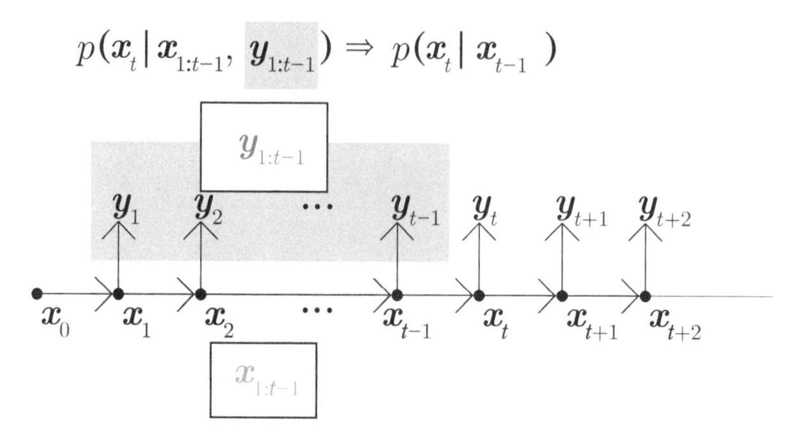

図 3.2　マルコフ性 1：システムモデル

式 (3.23)（p.29）および (3.24)（p.29）に対応することを以下に図を用いて詳説する．

まず，式 (3.26)（p.31）の性質を図 3.2 で確認する．注目している確率変数は x_t である．x_{t-1} を与えることを考える．与える変数に対応するノード（図中では黄色の○で囲われたノード）を指で押さえる状況を想起してほしい．すると，上のピンク色で示した部分に対応する $y_{1:t-1}$ や下の水色で示した部分内の $x_{1:t-2}$ がどんなに動いてみても，x_t は動かない．つまり，$x_{1:t-1}$ と $y_{1:t-1}$ の中で，x_t の動きは x_{t-1} だけで十分コントロールできることを表している．

> 条件つき確率の条件に対応する変数のノードをグラフィカルモデルの図において指で押さえて，どこが動けるのかを考えれば，依存関係がよくわかる．自分で指で押さえて実感することが非常に大事である．

次に式 (3.27)（p.31）の性質を図 3.3（p.33）により確認する．条件 x_t が所与なので，そのノード（図では黄色の○の部分）を指で押さえてみよう．そうする

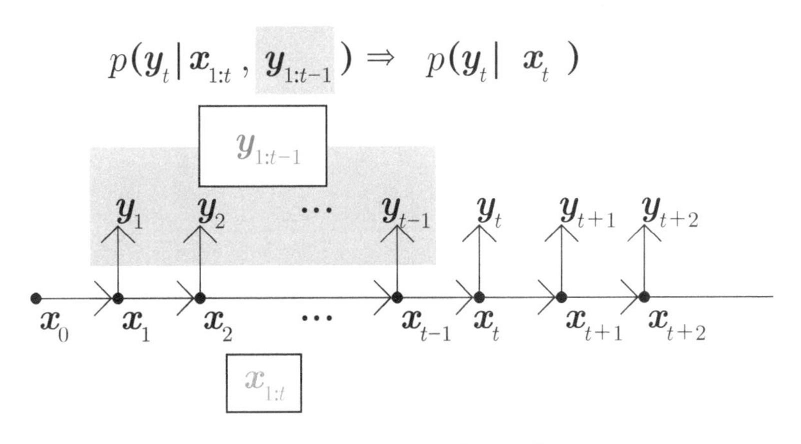

図 3.3　マルコフ性 2：観測モデル

と，$\boldsymbol{x}_{1:t-1}$ や $\boldsymbol{y}_{1:t-1}$ が変化したとしても，それらの影響を，$\boldsymbol{x}_t$ を指で押さえることでブロックしていることがわかる．つまり $\boldsymbol{y}_t$ にはそれらの動きの影響がこない．したがって，$\boldsymbol{y}_t$ の条件つき確率は $\boldsymbol{x}_t$ だけで十分記述できることを表している．

3.2.3　グラフィカルモデルのいろいろ

いろいろなグラフィカルモデルを整理して図 3.4（p.34）にまとめてみた．左側が無向グラフ，つまり矢印のついていないモデル（UPIN：Undirected Probabilistic Independent Network），右側が有向グラフ，つまり矢印がついているモデル（DPIN：Directed Probabilistic Independent Network）である．DPIN の中では一番大きなフレームワークとしては，ベイジアンネットワークがあり，上述した鎖状構造グラフィカルモデルはその特殊形である．時系列モデルの一般状態空間モデルは鎖状構造グラフィカルモデルに含まれ，隠れマルコフモデル（HMM：Hidden Markov Model）や線形ガウス状態空間モデル（SSM：State Space Model）は一般状態空間モデルの代表的なものである．HMM は，音声解析や，DNA のシーケンスの解析，かな漢字変換に応用されている，実社会になくてはならない基礎技術である．矢印がついていない UPIN のほうには，統計物理で使われているイジングモデルなど，いろいろなモデルがあるが，本書ではとり扱わない．

次の第 4 章で説明するアルゴリズムは，鎖状構造グラフィカルモデルに対して

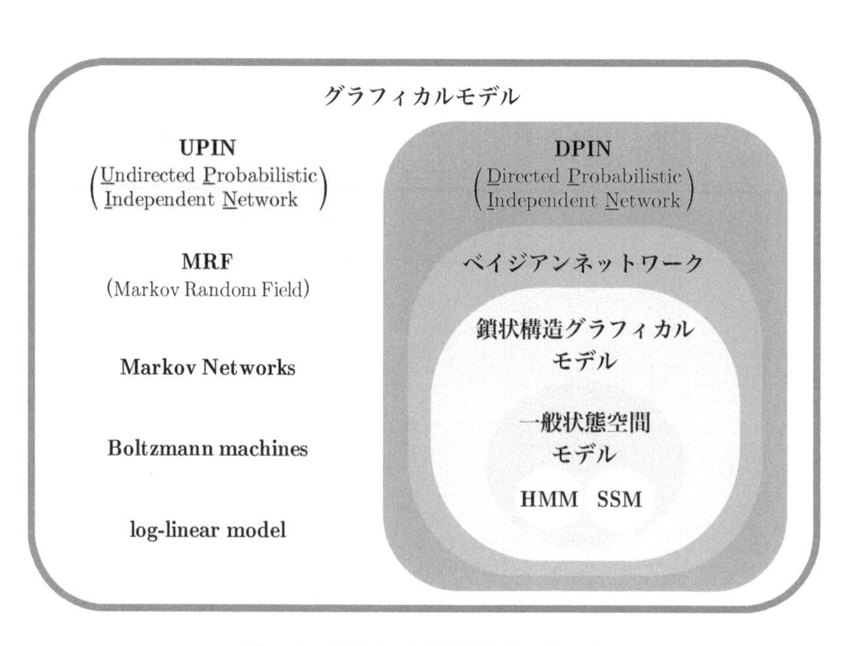

図 3.4　グラフィカルモデルのいろいろ

すべて成り立つ.

3.3 … 多次元ノイズの分布モデル

式 (3.21) (p.29) や (3.22) (p.29) に出てくる分布内のパラメータ $\boldsymbol{\theta}$ は，第 5.2 節で述べる手法によって推定可能である．さらに，第 5.2 節で説明する方法によって，どのような分布形がよいかの選択も原理的には行える．しかしながら，解析対象に関する知識を十分に活用し，分布形はあらかじめ特定しておくことが望ましい．さらには，ガウス分布であると特定した場合でも，Q_t や R_t の成分すべてを未知パラメータとするのは非現実的で，共分散行列の構造を特定すべきである．つまり，システムノイズ，観測ノイズを問わず，ノイズベクトル内の各成分間の相関の与え方に対して一定の制限を与えるべきである．

よくある制限は，対角行列だけを考える方策である．もっと強い制限は，等方共分散行列 $R_t = \sigma^2 I$ のように，共分散行列が単位行列 I に比例するものだけに限ることである．見方を変えて，相関行列の逆行列を規準化した行列で定義される偏相関行列の成分に注目し，条件つき独立性の観点から事前の知識をそこに投影する方策も有効であろう．特にデータ同化のように，等間隔に配置された場所（グリッドという）での同一の物理量が状態変数になる場合は，変数間の条件つき独立性に自然な直感（近くは関係はあるが，遠くはほぼない）が反映しやすい．しかしながら一般論としては，直接的な知識発見につながりやすい $f_t(\cdot)$ や $h_t(\cdot)$ のモデル化になるべく注力し，ノイズの分布形のモデルの精緻化は後回しにすべきである．

第4章

計算アルゴリズム1：予測計算理論を学ぶ

4.1 … 事後周辺分布

4.1.1 分布の簡易表記と 3 つの基本操作

第 2.2 節では，データ $y_{1:T}$ が与えられたもとでの，すべての時刻の μ_t の条件つき同時分布，つまり $p(\mu_{1:T}|y_{1:T})$ に注目した．第 3 章の記述法に従えば，

$$\text{事後同時分布：} \quad p(\boldsymbol{x}_{1:T}|\boldsymbol{y}_{1:T})$$

の条件つき同時分布に焦点をあてた．一方本節では，$\boldsymbol{x}_{1:T}$ ではなく，時刻 t のみの状態ベクトル，つまり $\boldsymbol{x}_t$ の事後分布 $p(\boldsymbol{x}_t|\boldsymbol{y}_{1:t'})$ をとり扱う．ただし，t' は $1 \leq t' \leq T$ の範囲を動くことに注意する．この $p(\boldsymbol{x}_t|\boldsymbol{y}_{1:t'})$ を条件つき事後周辺分布という．鎖状構造グラフィカルモデルの場合には，$p(\boldsymbol{x}_t|\boldsymbol{y}_{1:t'})$ の計算のうえで，時刻 t に関して便利な漸化式が存在し，$p(\boldsymbol{x}_{1:T}|\boldsymbol{y}_{1:T})$ をそのままとり扱うよりも，計算効率性や推定精度の観点から利点が多い．$p(\boldsymbol{x}_{1:T}|\boldsymbol{y}_{1:T})$ を直接計算するためには，マルコフ連鎖モンテカルロ法，通常，英語の略称で MCMC (Markov Chain Monte Carlo) と呼ばれる手法が必要となる．

前述した漸化式は，第 3.2 節で述べた鎖状構造グラフィカルモデルすべてに成り立つものである．したがって，その特殊形である一般状態空間モデルのすべてにも成り立つ．よって，鎖状構造グラフィカルモデル一般に成り立つアルゴリズムを習得しておけば，どのような状態空間モデルにも対応することができる．たとえば，有名なカルマンフィルタは線形ガウス状態空間モデルに対する計算アルゴリズムであるが，本章で述べるアルゴリズムの特殊形になっているので，基本を押さえればあとの理解は簡単である．

漸化式の説明の前に条件つき事後周辺分布の簡易表記，$p(\boldsymbol{x}_j|\boldsymbol{y}_{1:i}) \rightarrow (j|i)$，を

$p(\boldsymbol{x}_j \mid \boldsymbol{y}_{1:i}) \Rightarrow (j \mid i)$

j 状態ベクトルの時刻

i データが増える

(0|0)	(1|0)	(2|0)	(3|0)	(4|0)	(5|0)	(6|0)	(7|0)
(0|1)	(1|1)	(2|1)	(3|1)	(4|1)	(5|1)	(6|1)	(7|1)
(0|2)	(1|2)	(2|2)	(3|2)	(4|2)	(5|2)	(6|2)	(7|2)
(0|3)	(1|3)	(2|3)	(3|3)	(4|3)	(5|3)	(6|3)	(7|3)
(0|4)	(1|4)	(2|4)	(3|4)	(4|4)	(5|4)	(6|4)	(7|4)
(0|5)	(1|5)	(2|5)	(3|5)	(4|5)	(5|5)	(6|5)	(7|5)
(0|6)	(1|6)	(2|6)	(3|6)	(4|6)	(5|6)	(6|6)	(7|6)
(0|7)	(1|7)	(2|7)	(3|7)	(4|7)	(5|7)	(6|7)	(7|7)

図 4.1　条件つき周辺分布の簡易表記

導入する．するとすべての条件つき分布は図 4.1 のように書ける．

左上隅の $(0|0)$ はデータがまったくないもとでの $\boldsymbol{x}$ の初期分布 $p(\boldsymbol{x}_0)$ になる．縦軸はデータを観測した数に対応するので，そのデータ数が増えるにしたがって，この $\boldsymbol{x}$ の初期分布も変化していく．横軸はいつの時点の状態ベクトルかを表している．よってデータは観測していない時刻 $t = 1$ の状態ベクトルの条件つき分布なら $(1|0)$ と表記される．

この準備のもとで，$(0|0)$ から任意のセルに移動するための表 4.1 の 3 つの操作を導入する．

鎖状構造グラフィカルモデルの場合のこれらの操作の具体的形式は次の節で詳説する．ここでは，この 3 つの操作を組み合わせれば任意の場所に移動できることをまずは理解してほしい．今，$(j|i)$ の場所にたどり着きたいとする．

1. $(0|0)$ から 1 期先予測とフィルタリングを交互に繰り返して（つまり，→↓

表 4.1　3 つの操作

1 期先予測	右に 1 セル移動	→
フィルタリング	対角線上のセルの 1 つ右のセルから， 縦に 1 セル降下して対角線上のセルに移動	↓
1 期前平滑化	左に 1 セル移動	←

を繰り返して)，まずは $(i|i)$ までたどり着く．

2. $j=i$ ならこれで到着．$j \neq i$ ならば，
   - $j<i$ なら，1 期前平滑化を $i-j$ 回繰り返して $(j|i)$ に到着．
   - $j>i$ なら，1 期先予測を $j-i$ 回繰り返して $(j|i)$ に到着．

具体的に，(3|5) を得たいとする．データがまったくない最上行の (0|0) に，1 期先予測とフィルタリングを 5 回施せば (5|5) にたどり着く．次に，(3|5) は (5|5) より左側にあるので，$5-3=2$ より，2 回 1 期前平滑化を適用すると (3|5) に行き着く．

> 2 期先予測や 3 期先予測というのは，1 期先予測で得られた情報を入力としてさらに 1 期先予測を 1 回（計 2 回），2 回（計 3 回）と繰り返すことである．

4.1.2 3 つの分布

3 つの操作を説明するのに必要な，3 つの分布を定義する．

予測分布（predictive density）：	$p(\boldsymbol{x}_t \vert \boldsymbol{y}_{1:t-1})$	$j=i+1$
フィルタ分布（filter density）：	$p(\boldsymbol{x}_t \vert \boldsymbol{y}_{1:t})$	$j=i$
平滑化分布 (smoother density)：	$p(\boldsymbol{x}_t \vert \boldsymbol{y}_{1:T})$	$0 \leq j \leq T,\ i=T$

右端は条件つき事後周辺分布を簡易表記した場合の j と i の関係を記したものである．

> ここでの “平滑化”（スムージング）は，データ解析でいう平滑化（滑らかな曲線を得るために施される処理）とは直接的には関係ない．実効的な操作の観点からは両者は関連があるが，時系列の漸化式（アルゴリズム）を考えるうえでは，その操作と平滑化分布という言葉はきっちりわけて考えなくてはならない．またフィルタ分布についても，信号処理においての “フィルタをかける” と操作的に同じ意味があるが，ここでは分けて考えたほうが適切である．このように異なる分野では，同じ名前でも違うものを意味することがあるため注意が必要である．

定義式からも明らかなように，予測分布は，時刻 1 から $t-1$ までのデータが与えられたもとでの，時刻 t での状態ベクトル $\boldsymbol{x}_t$ の分布である．つまり，1 つ

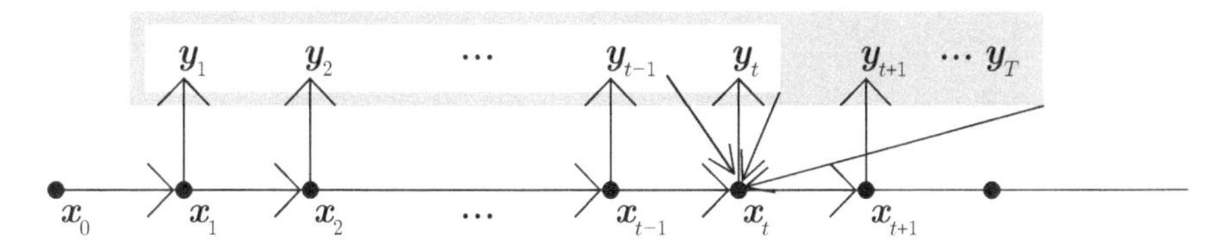

予測分布：$p(\boldsymbol{x}_t | \boldsymbol{y}_{1:t-1} \equiv [\boldsymbol{y}_1, \boldsymbol{y}_2, \cdots, \boldsymbol{y}_{t-1}])$

フィルタ分布：$p(\boldsymbol{x}_t | \boldsymbol{y}_{1:t} \equiv [\boldsymbol{y}_1, \boldsymbol{y}_2, \cdots, \boldsymbol{y}_t])$

平滑化分布：$p(\boldsymbol{x}_t | \boldsymbol{y}_{1:T} \equiv [\boldsymbol{y}_1, \boldsymbol{y}_2, \cdots, \boldsymbol{y}_T])$

図 4.2　重要な 3 つの分布

前の時刻までのデータが与えられたもとでの時刻 t での $\boldsymbol{x}_t$ の分布を表している．フィルタ分布は，予測分布が時刻 1 から $t-1$ までのデータが所与であるのに対して，時刻 1 から t までのデータが所与のもとでの，同じ時刻 t での $\boldsymbol{x}_t$ の分布を表すものである．平滑化分布は，固定された時刻区間，具体的には時刻 1 から T までの全部のデータ $\boldsymbol{y}_{1:T}$ が与えられたもとでの，ある時刻 t での $\boldsymbol{x}_t$ の分布を考えたものである．定義を図で示したものが図 4.2 である．条件の違い，つまり与えられるデータの違いによって 3 つの分布が異なることが見てとれる．

この 3 つの分布の理解をより深めるために，具体的な例を使ってさらに説明してみよう．今，$\boldsymbol{x}_t$ を時刻 t の経済の状態としよう．日本経済の状態というのは実際には何かよくわからないし，そもそも観測できないので，前述した潜在変数とみなせる．$\boldsymbol{y}_t$ を毎日の株価の市場終値平均（日経平均のようなもの）とする．$\boldsymbol{y}_t$ は株価だからデータである．よってこの例では $\boldsymbol{x}_t$, $\boldsymbol{y}_t$ ともにスカラーになる．

この設定で予測分布の意味を考えてみると，定義より条件は「$t-1$ までのデータ」であるので，「昨日までの終値のデータ」が与えられたもとでの今日の経済の状態に関する不確実性を表現したものが予測分布である．この分布から，「今日の経済の状態は，不確実性はあるが上り傾向にあると予測する」などといった推定結果が得られる．フィルタ分布は，条件の部分に注目すると，予測分布と比べるとデータが 1 個（つまり，今日の株価終値）増えている．今日の株価終値が得られたならば今日の経済の状態を推定し直し，今日の経済の状態に関する推定情報の確度を高められるが，このときの経済の状態の不確実性を記述するのがフィルタ分布である．昨日までのデータが示す傾向とは一転して，蓋を開けてみると今日は株価が急落しており，今日のデータをとり込めば「今日の経済は思ったほどよくなく，むしろ悪い方向に向いている」と判断することもよくあろう．フィルタ分布は，このような判断の根拠となるものである．

平滑化分布というのは，全部のデータを取得したもとで，過去を振り返って，ある時点の経済の状態を推定し直して得られる不確実性を表したものである．たとえば2年先までデータが得られたとして，その未来の時点で2年前を振り返って，2年前の経済の状態を再度，全部のデータから見て考え直した結果得られる分布が平滑化分布である．明日には株価はもとに戻り，2年後全部のデータを見て，今日の経済の状態を判断するに，「あのときは瞬間的に悪いと思われただけで長期的には安定成長の時期の前触れだった」と回顧したとする．これが平滑化分布から得られる結論である．情報処理の観点からいえば，平滑化分布は**知識発見**に有用である．一方，工学系の応用問題は，リアルタイムにそのとき，そのときを適切に処理することが最も大切なので，平滑化分布を得る意味があまりない．予測パフォーマンスの向上にしか注力しないような状況でも平滑化分布は脇役である．

ベイズモデリングでは，そもそも観測できない，実態として意味づけがはっきりできないようなもの（潜在変数）を用意することがよくある．可読性の観点からは意味づけがしっかりしている潜在変数を最初から用意するのが望ましいのは当然である．

図 4.1 （p.37）で，上述した2つの分布を説明する．対角の部分がフィルタ分布に，また対角の右側上部三角形部分が予測分布になる．ここでは，データの個数が7個であるとする．すると右下隅の (7|7) はフィルタ分布であるが，データが7個なので，全部のデータが与えられたもとでの最後の時刻の状態ベクトルの分布でもあるため，フィルタ分布 (7|7) は即，平滑化分布にもなっている．

この節の最後に，平滑化分布と前述した事後同時分布 $p(\boldsymbol{x}_{1:T}|\boldsymbol{y}_{1:T})$ の関係式を導いておく．事後同時分布と平滑化分布の関係は，

$$p(\boldsymbol{x}_t|\boldsymbol{y}_{1:T}) = \int p(\boldsymbol{x}_{1:T}|\boldsymbol{y}_{1:T})\mathrm{d}\boldsymbol{x}_{-t} \tag{4.1}$$

となる．ここで $\boldsymbol{x}_{-t}$ は，指定した時刻 t「以外」の時刻における状態ベクトルすべてを指し，具体的には

$$\boldsymbol{x}_{-t} \equiv [\boldsymbol{x}_1, \boldsymbol{x}_2, \ldots, \boldsymbol{x}_{t-1}, \boldsymbol{x}_{t+1}, \ldots, \boldsymbol{x}_T] \tag{4.2}$$

で定義されるベクトルである．平滑化分布は条件つき事後周辺分布であることが定義より明らかである．

4.2 … 非線形フィルタリング

重要な 3 つの操作のうち，1 期先予測とフィルタリングをあわせて**非線形フィルタリング**と呼んでいる．**逐次ベイズフィルタ**と呼ばれることもある．

4.2.1 1 期先予測

予測分布 $p(\boldsymbol{x}_t|\boldsymbol{y}_{1:t-1})$ は，式 (2.7)（p.17）の周辺化を逆に用いれば，

$$p(\boldsymbol{x}_t|\boldsymbol{y}_{1:t-1}) = \int p(\boldsymbol{x}_t, \boldsymbol{x}_{t-1}|\boldsymbol{y}_{1:t-1})\mathrm{d}\boldsymbol{x}_{t-1}$$
$$= \int p(\boldsymbol{x}_t|\boldsymbol{x}_{t-1}, \boldsymbol{y}_{1:t-1})p(\boldsymbol{x}_{t-1}|\boldsymbol{y}_{1:t-1})\mathrm{d}\boldsymbol{x}_{t-1} \tag{4.3}$$

のように書き表せる．1 行目から 2 行目への変形には，確率の乗法定理式 (2.8)（p.18）を用いた．くれぐれも式変形の途中で，条件つき分布の条件 $\boldsymbol{y}_{1:t-1}$ をうっかり落とさないようにすること．ここで $p(\boldsymbol{x}_t|\boldsymbol{x}_{t-1}, \boldsymbol{y}_{1:t-1})$ に対して鎖状構造グラフィカルモデルのマルコフ性 1 式（(3.26)（p.31））を適用すれば，2 行目は

$$p(\boldsymbol{x}_t|\boldsymbol{y}_{1:t-1}) = \int p(\boldsymbol{x}_t|\boldsymbol{x}_{t-1})p(\boldsymbol{x}_{t-1}|\boldsymbol{y}_{1:t-1})\mathrm{d}\boldsymbol{x}_{t-1} \tag{4.4}$$

となる．なお $p(\boldsymbol{x}_t|\boldsymbol{x}_{t-1})$ は，式 (3.23)（p.29）で与えられるシステムモデルである．ここで注目すべきは，積分内側の 2 番目の $p(\boldsymbol{x}_{t-1}|\boldsymbol{y}_{1:t-1})$ が「時刻 $t-1$ でのフィルタ分布」になっている点である．つまり，時刻 $t-1$ でのフィルタ分布が与えられれば，$\boldsymbol{x}_t$ の予測分布は $\boldsymbol{x}_{t-1}$ に関して積分をすることで与えられることを意味している．この式 (4.4) で表現される操作を 1 期先予測という．

4.2.2 フィルタリング

フィルタ分布の条件，$\boldsymbol{y}_{1:t}$ を $\boldsymbol{y}_t$ という情報と $\boldsymbol{y}_{1:t-1}$ とに分解する．つまり，

$$p(\boldsymbol{x}_t|\boldsymbol{y}_{1:t}) = p(\boldsymbol{x}_t|\boldsymbol{y}_t, \boldsymbol{y}_{1:t-1}). \tag{4.5}$$

ここで $\boldsymbol{y}_{1:t-1}$ の条件を忘れないようにしながら，$p(\boldsymbol{x}_t|\boldsymbol{y}_t, \cdot)$ をベイズの定理（式

(2.14)（p.19)）で変形する．

$$p(\boldsymbol{x}_t|\boldsymbol{y}_{1:t}) = \frac{p(\boldsymbol{x}_t, \boldsymbol{y}_t|\boldsymbol{y}_{1:t-1})}{p(\boldsymbol{y}_t|\boldsymbol{y}_{1:t-1})} = \frac{p(\boldsymbol{y}_t|\boldsymbol{x}_t, \boldsymbol{y}_{1:t-1})p(\boldsymbol{x}_t|\boldsymbol{y}_{1:t-1})}{p(\boldsymbol{y}_t|\boldsymbol{y}_{1:t-1})}. \tag{4.6}$$

1行目の分子の同時確率に確率の乗法定理を適用し，2行目を得ている．ここで分子の前半 $p(\boldsymbol{y}_t|\boldsymbol{x}_t, \boldsymbol{y}_{1:t-1})$ に対して，鎖状グラフィカルモデルのマルコフ性2（式(3.27)（p.31)）を適用すると

$$p(\boldsymbol{x}_t|\boldsymbol{y}_{1:t}) = \frac{p(\boldsymbol{y}_t|\boldsymbol{x}_t)p(\boldsymbol{x}_t|\boldsymbol{y}_{1:t-1})}{p(\boldsymbol{y}_t|\boldsymbol{y}_{1:t-1})} \tag{4.7}$$

が得られる．$p(\boldsymbol{y}_t|\boldsymbol{x}_t)$ は，式(3.24)（p.29）で与えられる観測モデルである．なお，分子の2番目の $p(\boldsymbol{x}_t|\boldsymbol{y}_{1:t-1})$ は先ほど予測の操作で求めた予測分布にほかならないことに注意する．

今度は分母に注目する．分母は，$\boldsymbol{y}_{1:t-1}$ が与えられたもとでの $\boldsymbol{y}_t$ が得られる確率 $p(\boldsymbol{y}_t|\boldsymbol{y}_{1:t-1})$ であるが，これはまさに式(2.17)（p.20）で出てきた予測確率そのものである．周辺化を逆に用いて予測確率を書き直すと

$$\begin{aligned} p(\boldsymbol{y}_t|\boldsymbol{y}_{1:t-1}) &= \int p(\boldsymbol{y}_t, \boldsymbol{x}_t|\boldsymbol{y}_{1:t-1})\mathrm{d}\boldsymbol{x}_t \\ &= \int p(\boldsymbol{y}_t|\boldsymbol{x}_t, \boldsymbol{y}_{1:t-1})p(\boldsymbol{x}_t|\boldsymbol{y}_{1:t-1})\mathrm{d}\boldsymbol{x}_t \\ &= \int p(\boldsymbol{y}_t|\boldsymbol{x}_t)p(\boldsymbol{x}_t|\boldsymbol{y}_{1:t-1})\mathrm{d}\boldsymbol{x}_t \end{aligned} \tag{4.8}$$

が得られる．2行目から3行目への式変形には，分子のときと同様，マルコフ性2を適用した．

式(4.7)と(4.8)をまとめて

$$p(\boldsymbol{x}_t|\boldsymbol{y}_{1:t}) = \frac{p(\boldsymbol{y}_t|\boldsymbol{x}_t)p(\boldsymbol{x}_t|\boldsymbol{y}_{1:t-1})}{\displaystyle\int p(\boldsymbol{y}_t|\boldsymbol{x}_t)p(\boldsymbol{x}_t|\boldsymbol{y}_{1:t-1})\mathrm{d}\boldsymbol{x}_t} \tag{4.9}$$

のフィルタリングの操作を得る．この式の中身を再度確認すると，分子の $p(\boldsymbol{y}_t|\boldsymbol{x}_t)$ は式(3.24)（p.29）の観測モデル，また $p(\boldsymbol{x}_t|\boldsymbol{y}_{1:t-1})$ は式(4.4)（p.41）で得た予測分布である．また分母は，分子を $\boldsymbol{x}_t$ に関して積分して得られる．式(2.17)（p.20）および(4.8)により，パラメータ推定やモデル比較（後の第5.2節で詳説

する）などにおいてきわめて大切な役割を果たす $p(\boldsymbol{y}_{1:T})$ は，フィルタリングのときに求めた予測確率 $p(\boldsymbol{y}_t|\boldsymbol{y}_{1:t-1})$ を全部掛け算したもので求まることも忘れてはならない．つまり，

$$p(\boldsymbol{y}_{1:T}) = \prod_{t=1}^{T} \int p(\boldsymbol{y}_t|\boldsymbol{x}_t)p(\boldsymbol{x}_t|\boldsymbol{y}_{1:t-1})\mathrm{d}\boldsymbol{x}_t. \tag{4.10}$$

この量の対数をとったものも以後便利なので，ここで定義しておく．

$$\log p(\boldsymbol{y}_{1:T}) = \sum_{t=1}^{T} \log \left\{ \int p(\boldsymbol{y}_t|\boldsymbol{x}_t)p(\boldsymbol{x}_t|\boldsymbol{y}_{1:t-1})\mathrm{d}\boldsymbol{x}_t \right\}. \tag{4.11}$$

式 (4.4) と (4.9)（p.42）で定まる予測とフィルタリングの 2 つの操作をまとめて非線形フィルタリングという．ここまで説明したことを図 4.1（p.37）で確認してみよう．(0|0) は所与とする．そこから，右に 1 つセルを移動する操作が 1 期先予測（→）である．その結果，対角線上のセルの 1 つ右である (1|0) に移動する．そこから縦に降りる操作（↓）がフィルタリングである．この結果，またまた対角上の (1|1) に移動する．この操作を繰り返せば，最後のデータのフィルタ分布である (7|7) にたどり着く．具体的に式を入れて描いたものが図 4.3 である．時刻 $t-1$ のフィルタ分布 $p(\boldsymbol{x}_{t-1}|\boldsymbol{y}_{1:t-1})$ が与えられたとする．すると，1 期先予測で時刻 t の予測分布 $p(\boldsymbol{x}_t|\boldsymbol{y}_{1:t-1})$ を得る．時刻 t でデータが 1 つ入ってくるので，フィルタリングにより $p(\boldsymbol{x}_t|\boldsymbol{y}_{1:t})$ すなわちフィルタ分布を得る．さ

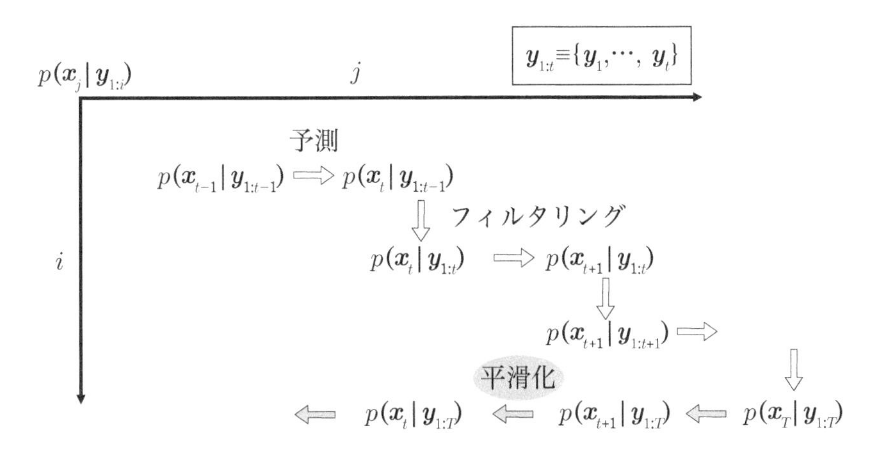

図 4.3　漸化式

らに 1 期先予測により時刻 $t+1$ の予測分布 $p(\boldsymbol{x}_{t+1}|\boldsymbol{y}_{1:t})$ を得る．これらを繰り返して最後の時刻 T まで行くことで最後の時刻のフィルタ分布 $p(\boldsymbol{x}_T|\boldsymbol{y}_{1:T})$ を得ることができる．非線形フィルタリングの結果としてわれわれの手元には，$\{p(\boldsymbol{x}_t|\boldsymbol{y}_{1:t-1}), p(\boldsymbol{x}_t|\boldsymbol{y}_{1:t})\}_{t=1}^{T}$ の $2T$ 個の条件つき分布が残る．

4.3 … 平滑化アルゴリズム

4.3.1 有向分離性

ここでは，平滑化分布に対する 1 期前平滑化のアルゴリズムを導出する．つまり，$p(\boldsymbol{x}_t|\boldsymbol{y}_{1:T})$ と $p(\boldsymbol{x}_{t+1}|\boldsymbol{y}_{1:T})$ の間の漸化式を求める．この漸化式は，時刻 T が不変なため，通常，**固定区間平滑化**と呼ばれている．すでに非線形フィルタリングにより，$\{p(\boldsymbol{x}_t|\boldsymbol{y}_{1:t-1}), p(\boldsymbol{x}_t|\boldsymbol{y}_{1:t})\}_{t=1}^{T}$ を得ているとする．最後の時点（$t=T$）はフィルタ分布が平滑化分布にもなっていることに注意する．

まずは，式 (2.7)（p.17）の周辺化を逆に用い，$p(\boldsymbol{x}_t|\boldsymbol{y}_{1:T})$ を $\boldsymbol{x}_t, \boldsymbol{x}_{t+1}$ の同時分布で表現する．

$$p(\boldsymbol{x}_t|\boldsymbol{y}_{1:T}) = \int p(\boldsymbol{x}_t, \boldsymbol{x}_{t+1}|\boldsymbol{y}_{1:T})\mathrm{d}\boldsymbol{x}_{t+1}. \tag{4.12}$$

確率の乗法定理式 (2.8)（p.18）を用いて同時分布を分解する．

$$\begin{aligned} p(\boldsymbol{x}_t|\boldsymbol{y}_{1:T}) &= \int p(\boldsymbol{x}_t, \boldsymbol{x}_{t+1}|\boldsymbol{y}_{1:T})\mathrm{d}\boldsymbol{x}_{t+1} \\ &= \int p(\boldsymbol{x}_t|\boldsymbol{x}_{t+1}, \boldsymbol{y}_{1:T})p(\boldsymbol{x}_{t+1}|\boldsymbol{y}_{1:T})\mathrm{d}\boldsymbol{x}_{t+1}. \end{aligned} \tag{4.13}$$

ここで積分の中の 1 番目の $p(\boldsymbol{x}_t|\boldsymbol{x}_{t+1}, \boldsymbol{y}_{1:T})$ に注目する．再度，図 4.4（p.45）に示した，鎖状構造のグラフをよく見てみよう．今，$p(\boldsymbol{x}_t|\boldsymbol{x}_{t+1}, \boldsymbol{y}_{1:T})$ を考えるということは，黄色の◯で囲った $\boldsymbol{x}_{t+1}$ と，ピンク色で示した四角で囲った $\boldsymbol{y}_{1:T}$ が与えられた状態で，$\boldsymbol{x}_t$ の分布に興味があることになる．条件に $\boldsymbol{x}_{t+1}$ が与えられているので，図において黄色の◯の部分を指で押さえる状況を想起してみよう．すると，$\boldsymbol{x}_{t+1}$ が固定されていたら，$\boldsymbol{y}_{t+1:T}$ がどんなに変化しようが $\boldsymbol{x}_t$ にはその影響が及ばないことがわかるであろう．逆にいえば，$\boldsymbol{y}_{1:T}$ のうち，$\boldsymbol{y}_{t+1:T}$ をとり除いた $\boldsymbol{y}_{1:t}$ だけ（水色で示した四角）が $\boldsymbol{x}_t$ に影響を及ぼすのである．つまり，$\boldsymbol{x}_t$ の条件つき分布を考えるうえでは，$\boldsymbol{y}_{1:T}$ と $\boldsymbol{x}_{t+1}$ が与えられているが，

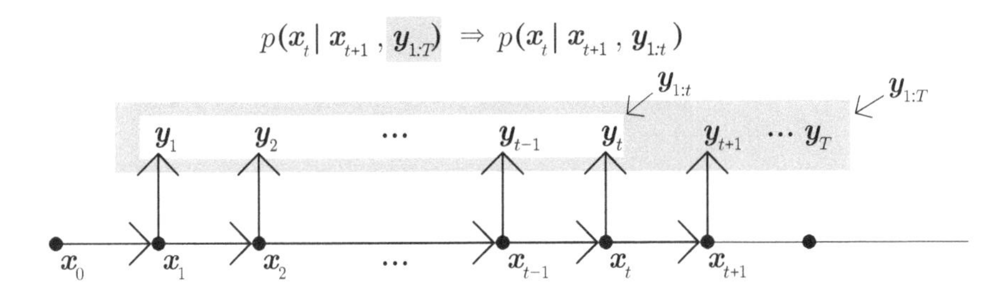

図 4.4　有向分離

$\boldsymbol{y}_{1:t}$ と $\boldsymbol{x}_{t+1}$ で十分表現できる．この現象をグラフィカルモデルでは**有向分離**（d-separation）という．まとめると，

$$p(\boldsymbol{x}_t|\boldsymbol{x}_{t+1}, \boldsymbol{y}_{1:T}) = p(\boldsymbol{x}_t|\boldsymbol{x}_{t+1}, \boldsymbol{y}_{1:t}). \tag{4.14}$$

式 (4.14) の理解を式変形だけで行おうとすると，イコールを追う作業ばかりになって，何をやっているかがわからなくなる危険性が高い．式から何をつかみとれば「理解」といえるのかが見えなくなること，これは重大な問題である．ところが，グラフィカルモデルで表現すると確率変数間の依存関係は直感的にはよくわかるのである．図を描いたなら，まず情報がどこに与えられているのかを把握し，$\boldsymbol{x}_{t+1}$ で与えられているならば，$\boldsymbol{y}_t$ より後ろのほうはもう関係ないだろうということを推察して，指で押さえるなど具体的に行動で確認してみる．ここでのもう一つのポイントは，不必要な情報を条件からとり除く操作は確率推論の計算上で非常に大切であることだ．それをぜひ理解してほしい．この点をあまり気にせず読者が素通りしてしまったのであれば，それは間違いである．条件づけの違いで計算が著しく簡単になることも多々ある．

4.3.2　固定区間平滑化アルゴリズム

式 (4.14) より，式 (4.13)（p.44）は

$$\begin{aligned} p(\boldsymbol{x}_t|\boldsymbol{y}_{1:T}) &= \int p(\boldsymbol{x}_t|\boldsymbol{x}_{t+1}, \boldsymbol{y}_{1:t}) p(\boldsymbol{x}_{t+1}|\boldsymbol{y}_{1:T}) \mathrm{d}\boldsymbol{x}_{t+1} \\ &= \int \frac{p(\boldsymbol{x}_t, \boldsymbol{x}_{t+1}|\boldsymbol{y}_{1:t})}{p(\boldsymbol{x}_{t+1}|\boldsymbol{y}_{1:t})} \cdot p(\boldsymbol{x}_{t+1}|\boldsymbol{y}_{1:T}) \mathrm{d}\boldsymbol{x}_{t+1} \end{aligned} \tag{4.15}$$

となる．1 行目から 2 行目への式変形は，フィルタリングの導出時のようにベイ

ズの定理（式 (2.14)（p.19)）による．さらに積分の中身の同時分布を分解すると，

$$= \int \frac{p(\boldsymbol{x}_t|\boldsymbol{y}_{1:t})p(\boldsymbol{x}_{t+1}|\boldsymbol{x}_t, \boldsymbol{y}_{1:t})}{p(\boldsymbol{x}_{t+1}|\boldsymbol{y}_{1:t})} \cdot p(\boldsymbol{x}_{t+1}|\boldsymbol{y}_{1:T})\mathrm{d}\boldsymbol{x}_{t+1}. \quad (4.16)$$

ここで鎖状構造グラフィカルモデルのマルコフ性 1（式 (3.26)（p.31)）より，分子の 2 番目は $p(\boldsymbol{x}_{t+1}|\boldsymbol{x}_t, \boldsymbol{y}_{1:t}) = p(\boldsymbol{x}_{t+1}|\boldsymbol{x}_t)$．これは，式 (3.23)（p.29）で与えられるシステムモデルそのものである．また，分子の 1 番目の $p(\boldsymbol{x}_t|\boldsymbol{y}_{1:t})$ には積分変数 $\boldsymbol{x}_{t+1}$ は入っていないので積分の外に出すことができる．よって最終的には，

$$p(\boldsymbol{x}_t|\boldsymbol{y}_{1:T}) = p(\boldsymbol{x}_t|\boldsymbol{y}_{1:t}) \cdot \int \frac{p(\boldsymbol{x}_{t+1}|\boldsymbol{x}_t)}{p(\boldsymbol{x}_{t+1}|\boldsymbol{y}_{1:t})} \cdot p(\boldsymbol{x}_{t+1}|\boldsymbol{y}_{1:T})\mathrm{d}\boldsymbol{x}_{t+1} \quad (4.17)$$

を得る．この式をよく見てみよう．右辺の左から数えて 1 番目は時刻 t のフィルタ分布である．また，分数の分母は，時刻 t までのデータが与えられたもとでの $\boldsymbol{x}_{t+1}$ の分布なので，時刻 “$t+1$” の予測分布である．そして分数に右からかかっているのが，時刻 $t+1$ の平滑化分布である．日次株価データの例で考えると，明日（$t+1$）の平滑化分布が与えられたなら，明日（$t+1$）の予測分布，今日（t）のフィルタ分布，システムモデルの 3 つを用いて，$\boldsymbol{x}_{t+1}$ で積分することによって今日の平滑化分布が得られることを表している．もう少しカラクリを具体的に説明する．未来の株価データの価値は，今日までの株価データでもって行った予測の当たり外れによって決まる．明日の景気は今日の時点では良いと予測されていても，その後未来からその後の株価データをすべて見て振り返ると，その時点で実はもう相当悪かったということになるなら，未来の株価データの影響はかなり大きい．明日の経済状態の推測について，今日までの株価データによる予測値（$p(\boldsymbol{x}_{t+1}|\boldsymbol{y}_{1:t})$ に相当）と，未来の株価データをすべて反映した改定値（$p(\boldsymbol{x}_{t+1}|\boldsymbol{y}_{1:T})$ に相当）が手元にある．その両者間の相対的重みを求める操作が積分内の割り算になる．この相対的重みを，明日の経済状態から今日の経済状態にシステムモデル（$p(\boldsymbol{x}_{t+1}|\boldsymbol{x}_t)$ に相当）でもって紐付け，今日までの株価データで推測した今日の経済状態の推測（$p(\boldsymbol{x}_t|\boldsymbol{y}_{1:t})$ に相当）を修正する．これらの一連の手続きにより，未来の株価データをすべて反映した今日の経済状態が分かることになる．

図 4.1（p.37）に立ち戻って，平滑化アルゴリズムを確認してみよう．非線形フィルタリングによりわれわれはすでに (7|7) にたどり着いている．平滑化アルゴリズムにより，(7|7) から (6|7) へと 1 つ左のセルに移動（←）できる．これ

を繰り返すことにより，(0|7) に到着する．今度は図 4.3（p.43）で平滑化アルゴリズムを再確認してみる．まず初期分布 $p(\boldsymbol{x}_0|\boldsymbol{y}_0)$ を与え，予測→フィルタリング→予測→フィルタリングにより，最後の時刻のフィルタ分布 $p(\boldsymbol{x}_T|\boldsymbol{y}_{1:T})$ を得る．この分布は同時に，時刻 $t=T$ での平滑化分布にもなっていることに注意する．また $\{p(\boldsymbol{x}_t|\boldsymbol{y}_{1:t-1}), p(\boldsymbol{x}_t|\boldsymbol{y}_{1:t})\}_{t=1}^T$ をわれわれは手にしている．この準備のもとで，式 (4.17)（p.46）に $t=T-1$ を代入し，

$$p(\boldsymbol{x}_{T-1}|\boldsymbol{y}_{1:T}) = p(\boldsymbol{x}_{T-1}|\boldsymbol{y}_{1:T-1}) \cdot \int \frac{p(\boldsymbol{x}_T|\boldsymbol{x}_{T-1})}{p(\boldsymbol{x}_T|\boldsymbol{y}_{1:T-1})} \cdot p(\boldsymbol{x}_T|\boldsymbol{y}_{1:T})\mathrm{d}\boldsymbol{x}_T. \tag{4.18}$$

これにより，最後の時刻の 1 つ前の平滑化分布が求まる．このようにして平滑化の操作を繰り返せばすべての時刻の平滑化分布が計算できる．平滑化の操作は図 4.3（p.43）では，最下段に示したピンク色の左向き矢印の操作に対応する．

線形ガウス状態空間モデルであればすべての条件つき分布 $(j|i)$ がガウス分布になる．ガウス分布は平均値ベクトルと共分散行列，つまり，分布の 1 次と 2 次モーメントだけで記述されるので，式 (4.4)（p.41），(4.9)（p.42），および (4.17)（p.46）の漸化式は，平均値ベクトルと共分散行列間の漸化式となる．式 (4.4) と (4.9) に対する漸化式を具体的に書き下したのが「カルマンフィルタ」であり，式 (4.17) に対するものが「平滑化アルゴリズム（スムーザー）」である．通常の時系列解析や処理にかかわる書籍ならこれらもあわせて解説されるが，本書ではとり扱わない．カルマンフィルタなどの習得には初学者には面倒なガウス分布の積分や逆行列計算が出てくるうえ，本書で紹介する粒子フィルタを用いれば，著しく状態ベクトルの次元が高くない限り，最近の計算機環境だと現実における予測問題に十分対応できるからだ．

4.4 … 状態ベクトルの推定と予測誤差

この章の最後に，得られた条件つき分布から状態ベクトルの推定値を定める方法を解説する．今，条件つき分布 $p(\boldsymbol{x}_t|\cdot)$ が手元にあるとする．なお条件つき分布は予測分布でもフィルタ分布でも，あるいは平滑化分布でもよい．したがって $p(\boldsymbol{x}_t|\cdot)$ の $\cdot$ には，$\boldsymbol{y}_{1:t-1}$，$\boldsymbol{y}_{1:t}$，$\boldsymbol{y}_{1:T}$ が入る．最も一般的な状態ベクトルの推定

値は平均値である．

$$\hat{\boldsymbol{x}}_{t|\cdot} \equiv \int \boldsymbol{x}_t \cdot p(\boldsymbol{x}_t|\cdot)\mathrm{d}\boldsymbol{x}_t. \tag{4.19}$$

$\hat{\boldsymbol{x}}_{t|\cdot}$ の · には，$t-1, t, T$ が入る．

似たものとして，平均値のかわりに各状態変数の**中央値**（メジアンと英語でいう）で定める方法があり得る．今，状態ベクトルを構成する成分の中で注目する状態変数を，$\boldsymbol{x}_t(j)$ と記すことにする．$\boldsymbol{x}_t(j)$ はスカラー量である．また，その状態変数以外のすべての状態変数で構成するベクトルを $\boldsymbol{x}_t(-j)$ と記す．念のため丁寧に記せば

$$\boldsymbol{x}_t^{\mathrm{tp}}(-j) \equiv [\boldsymbol{x}_t(1), \boldsymbol{x}_t(2), \ldots, \boldsymbol{x}_t(j-1), \boldsymbol{x}_t(j+1), \ldots, \boldsymbol{x}_t(k)]. \tag{4.20}$$

ただし，状態ベクトルの次元を k とした．このとき，周辺分布は

$$p(\boldsymbol{x}_t(j)|\cdot) = \int p(\boldsymbol{x}_t|\cdot)\mathrm{d}\boldsymbol{x}_t(-j) \tag{4.21}$$

で求まり，これを使って以下の式を満たす $\hat{\boldsymbol{x}}_{t|\cdot}(j)$ でもって中央値を定める．

$$0.5 = \int_{-\infty}^{\hat{\boldsymbol{x}}_{t|\cdot}(j)} p(\boldsymbol{x}_t(j)|\cdot)\mathrm{d}\boldsymbol{x}_t(j). \tag{4.22}$$

各成分ごとに求まった値 $\hat{\boldsymbol{x}}_{t|\cdot}(j)$ を使ってベクトルを構築することで，状態ベクトルの推定値 $\hat{\boldsymbol{x}}_{t|\cdot}$ を定める．ほかの推定値としては，分布のピークをとる状態ベクトルで定めるものがある．

$$\hat{\boldsymbol{x}}_{t|\cdot} \equiv \mathrm{argmax}_{\boldsymbol{x}_t}\ p(\boldsymbol{x}_t|\cdot). \tag{4.23}$$

状態ベクトルの推定値として何をとったらよいかは一概にはいえない．通常は平均値であろうが，分布のローカルピークが複数あるときは平均値は適当とはいえず，そのようなときはピーク値で定めることも多い．この分布が複数のローカルピークを持つ性質を**多峰性**と呼ぶ．また分布が対称でない場合や，中央付近の値から遠く離れた値も一定の確率値をもつような場合は中央値がよいとされている．分布がガウス分布の場合には上述した３つの定義による推定値はすべて一致する．一般の場合にはすべて異なってしまうことは十分留意すべきである．

これらの推定値のうち，予測分布から定めた状態ベクトルによるデータの予測

値を予測ベクトルといって，特別にとり扱うことが多い．さらにその予測ベクトルと，データの乖離を予測誤差と呼ぶ．通常は，観測誤差が予測ベクトルに線形に加わるモデルのとき（つまり，線形非ガウス観測モデルのこと）の予測誤差のことをいう．その場合，予測誤差 $\hat{\boldsymbol{w}}_{t|t-1}$ は以下で定義される．

$$\hat{\boldsymbol{w}}_{t|t-1} \equiv \boldsymbol{y}_t - H_t \hat{\boldsymbol{x}}_{t|t-1}. \tag{4.24}$$

〈展開編〉

第5章

計算アルゴリズム2：モデルを進化させる

5.1 … 状態ベクトルの拡大

前章で説明したのは，「固定区間平滑化」であるが，平滑化アルゴリズムには亜種として「固定ラグ平滑化」と「固定点平滑化」がある．この3つの中では，固定区間平滑化の計算が一番難しい．今から説明するほかの2つは，状態ベクトルの拡大により，状態ベクトルを変更すれば，あとは単に非線形フィルタリングを適用するだけでアルゴリズムが自動的に構成される．なお，「状態ベクトルの拡大」のテクニックは状態空間モデリングの王道で，いろいろな場面で使われるため必修である．

5.1.1 固定ラグ平滑化の概要

最初に固定ラグ平滑化を解説する．図 4.1（p.37）に立ち戻る．固定区間平滑化では，固定区間のデータ $\boldsymbol{y}_{1:T}$（T は“固定”）が与えられたもとで，任意の時刻 t での状態ベクトルの分布に興味があった．一方で，ある時刻のデータを観測して，その時刻の分布に情報を即反映させたものがフィルタ分布であった．固定ラグ平滑化はこの両者の中間の性質をもっており，今現在よりも少し昔にさかのぼった時刻の分布に，今の時刻のデータからくる情報を反映させる．

図 5.1（p.53）でさらに説明する．$t = 3$ の状態ベクトルの条件つき分布，つまり $(3|\cdot)$ に注目する．同時刻のデータまで反映させた分布がフィルタ分布であるが，さらに3つ先の時刻 $t = 6$ のデータからの情報までをもとり込んだ分布が $(3|6)$ である．この，現在の時点よりもいくつ先か，あるいはいくつ前かを示す整数をラグと呼ぶ．さらに，もう1期未来の時刻 $t = 7$ のデータが入ってきたとき，そのデータからくる情報が $(3|\cdot)$ に与える影響を考える．その影響がゼロで

状態ベクトルの時刻 j

データの時刻 i

$(0\mid 0)$							
$(0\mid 1)$	$(1\mid 1)$						
$(0\mid 2)$	$(1\mid 2)$	$(2\mid 2)$					
$(0\mid 3)$	$(1\mid 3)$	$(2\mid 3)$	$(3\mid 3)$				
(a)	$(1\mid 4)$	$(2\mid 4)$	$(3\mid 4)$	$(4\mid 4)$			
	(b)	$(2\mid 5)$	$(3\mid 5)$	$(4\mid 5)$	$(5\mid 5)$		
		(c)	$(3\mid 6)$	$(4\mid 6)$	$(5\mid 6)$	$(6\mid 6)$	
			(d)	$(4\mid 7)$	$(5\mid 7)$	$(6\mid 7)$	$(7\mid 7)$

図 5.1　簡易表記による固定ラグ平滑化（ラグ幅 = 3）

はないが，もしあったとしても，$(3|6)$ と $(3|7)$ は分布としてはさほど変わらないことを期待する．固定区間平滑化のように，全部のデータを時刻 3 での分布に反映したほうがよいのだけれども，時系列データは時間的に局所的な性質をもつことが多いので，「近々のちょっと未来のデータまでとり込んで修正したもの」と「全部のデータを使って推定したもの」があまり変わらないことも多い．そうであれば，もう面倒なので $(3|7)$ は計算せず，$(3|\cdot)$ の推定値としては $(3|6)$ でよしとする．このように，現在よりも 3 つ先のデータまでの影響を反映し，それより先の未来のデータを考慮しない平滑化を，ラグ幅 3 の固定ラグ平滑化と呼ぶ．

ラグ幅 3 の固定ラグ平滑化の実体をさらに詳しく見てみよう．図 5.1 における黄緑色の横長箱 (a) に示したように，時刻 $t=4$ までのデータが入ったもとで時刻 $t=1,2,3,4$ の状態ベクトルの条件つき分布，$\{(1|4),(2|4),(3|4),(4|4)\}$ が求められていたとする．今，時刻 $t=5$ のデータ $\boldsymbol{y}_5$（図では，水色の○印で囲んである）を観測すると，$(4|4)$ に対して，予測とフィルタリングで $(5|5)$ が求ま

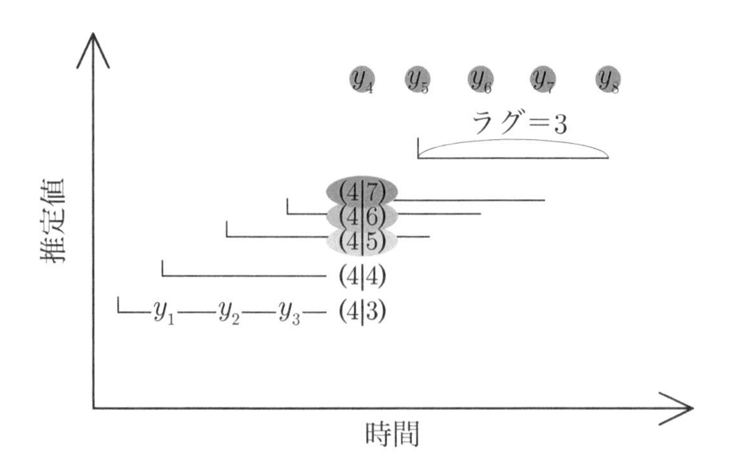

図 5.2　固定ラグ平滑化の働く様子．縦軸は (4|·) の平均値の推定値．

る．$\{(2|5),(3|5),(4|5)\}$ を $\{(2|4),(3|4),(4|4)\}$ から計算したい．(5|5) から，1期前平滑化を逐次適用することで，(4|5) → (3|5) → (2|5) とさかのぼって平滑化分布を求められる．このとき，(1|5) はもう求めず，(1|4) でもって (1|·) の推定値とする．本当は (1|5) のほうがとり込まれている情報量の多さの点でよりよいのであるが，(1|4) もすでに 3 つ先の未来までとり込んでいるから，(1|5) はそれとはさほど変わらず，これでだいたいよいだろうと判断するのである．この結果，図 5.1 (p.53) では (b) で示した水色の横長箱部分のみが計算される．この横長箱 (a) から (b) への情報更新において，上述したような手続きを経ず，$\{(2|4),(3|4),(4|4)\}$ から直接 $\{(2|5),(3|5),(4|5)\}$ が計算できたら便利である．これを実現するのが，固定ラグ平滑化である．

ついでなので，さらに固定ラグ平滑化を用いたときの流れを説明する．$\boldsymbol{y}_6$ のデータが得られると，予測・フィルタリングで (5|5) から (6|6) へと，1 つ右下のセルへ横長箱の先頭が移動する．固定ラグ平滑化により，横長箱 (b) から (c) へ 1 回の操作で右下にずらせるので，結果として $\{(2|5),(3|5),(4|5),(5|5)\}$ から $\{(3|6),(4|6),(5|6),(6|6)\}$ が自動的に計算される．(2|6) は計算しない．固定ラグ平滑化を逐次適用していけば，横長箱 (d) まで移動していく．

具体的な例を使いながら固定ラグ平滑化の働きを理解する．ラグ幅はこれまで同様 3 とする．図 5.2 に，説明に使うデータ $\boldsymbol{y}_t$ を○で示した．ここではデータはスカラー量とする．$t=3$ までは同じ値であったが，$t=4$ で大きいジャンプがあっ

たとする．システムモデルが 1 階差分のトレンドモデル，$\mu_t = \mu_{t-1} + v_t, v_t \sim N(0, \alpha^2\sigma^2)$ だと，予測分布である (4|3) の平均値は図で [(4|3)] と示したあたりになる．ジャンプしたデータ $\boldsymbol{y}_4$ が入ってくると，フィルタ分布である (4|4) にはその影響が現れ，(4|4) の平均値は [(4|4)] あたりになる．さらに，もう一つデータ $\boldsymbol{y}_5$ が入ってくると，その影響が反映された条件つき分布 (4|5) の平均値は，図中の [(4|5)] 付近になるであろう．データを観測するたびに，(4|·) は修正され，少しずつ楕円の位置が上方に移動する．ただ，その毎回の移動距離はだんだん小さくなる．[(4|7)] 以降はあまり変化がなくなり，[(4|7)] と [(4|8)] はほとんど差違がなくなる．このようなときは，[(4|7)] でもって (4|·) の代表値としてもよいであろう．つまり，ラグ幅 3 の固定ラグ平滑化で求めた推定値で満足するのである．往々にしてこのように時系列データ・系列データには局所性があるので，固定ラグ平滑化の適用は合理的である．

5.1.2 状態ベクトル拡大による固定ラグ平滑化の実現

ラグ幅が 3 だったならば，状態ベクトル $\boldsymbol{x}_t$ は次式のように 3 つ前までの状態ベクトルをつなげ，拡大された状態ベクトル $\tilde{\boldsymbol{x}}_t$ を構成する．

$$\tilde{\boldsymbol{x}}_t = \begin{bmatrix} \boldsymbol{x}_t \\ \boldsymbol{x}_{t-1} \\ \boldsymbol{x}_{t-2} \\ \boldsymbol{x}_{t-3} \end{bmatrix}. \tag{5.1}$$

次に，拡大された状態ベクトルに対するシステムモデルを考える．$\tilde{\boldsymbol{x}}_t$ と $\tilde{\boldsymbol{x}}_{t-1}$ の関係を書き表したものがシステムモデルである．拡大された状態ベクトルの場合，以下のように整理できる．

$$\begin{bmatrix} \boldsymbol{x}_t \\ \boldsymbol{x}_{t-1} \\ \boldsymbol{x}_{t-2} \\ \boldsymbol{x}_{t-3} \end{bmatrix} = \begin{bmatrix} \bullet & 0_{k\times k} & 0_{k\times k} & 0_{k\times k} \\ I_{k\times k} & 0_{k\times k} & 0_{k\times k} & 0_{k\times k} \\ 0_{k\times k} & I_{k\times k} & 0_{k\times k} & 0_{k\times k} \\ 0_{k\times k} & 0_{k\times k} & I_{k\times k} & 0_{k\times k} \end{bmatrix} \begin{bmatrix} \boldsymbol{x}_{t-1} \\ \boldsymbol{x}_{t-2} \\ \boldsymbol{x}_{t-3} \\ \boldsymbol{x}_{t-4} \end{bmatrix}. \tag{5.2}$$

行列の左上の部分の●はあとで説明する．$I_{k\times k}$ というのは，$k \times k$（状態ベクトルが k 次元なため）の identity matrix（恒等行列）である．これにより，$\boldsymbol{x}_{t-1}$,

$\boldsymbol{x}_{t-2}, \boldsymbol{x}_{t-3}$ については左辺と右辺が恒等式になっている．また，$0_{k \times k}$ は，$k \times k$ のゼロ行列である．

●の操作は行列の形で陽に書くことはできず，

$$\boldsymbol{x}_t = f_t(\boldsymbol{x}_{t-1}, \boldsymbol{v}_t) \tag{5.3}$$

となるように計算する．いわゆるシステムモデル（式 (3.21)（p.29））で更新する．行列では書けないが，$\boldsymbol{x}_t$ は $\boldsymbol{x}_{t-1}$ だけに依存していることを再確認してほしい．式 (5.2)（p.55）から明らかなように，

$$\tilde{\boldsymbol{x}}_t \sim p(\tilde{\boldsymbol{x}}_t | \tilde{\boldsymbol{x}}_{t-1}). \tag{5.4}$$

拡大された状態ベクトルに対してもマルコフ性 1（式 (3.26)（p.31））が成り立っていることがわかる．

次に観測データと拡大状態ベクトルの関係を見てみる．観測モデルは，等式の左側に時刻 t の観測ベクトル $\boldsymbol{y}_t$，等式の右側に拡大された状態ベクトル $\tilde{\boldsymbol{x}}_t$ をおき，観測ベクトル $\boldsymbol{y}_t$ と状態ベクトル $\tilde{\boldsymbol{x}}_t$ の間を関係づけるものであった．拡大状態ベクトルに対しては，

$$\boldsymbol{y}_t = [\bullet \ 0_{l \times k} \ 0_{l \times k} \ 0_{l \times k}] \begin{bmatrix} \boldsymbol{x}_t \\ \boldsymbol{x}_{t-1} \\ \boldsymbol{x}_{t-2} \\ \boldsymbol{x}_{t-3} \end{bmatrix} \tag{5.5}$$

となる．$\boldsymbol{y}_t$ は $\boldsymbol{x}_t$ にだけ関係して，$\boldsymbol{x}_{t-1}, \boldsymbol{x}_{t-2}, \boldsymbol{x}_{t-3}$ には関係ないので，対応する係数のところには，ゼロ行列 $0_{l \times k}$ が並ぶ．l は観測ベクトルの次元である．

ここにおいても，●の操作は行列の形で陽に書くことはできないが，ただし，行う操作を書き下せば

$$\boldsymbol{y}_t = h_t(\boldsymbol{x}_t, \boldsymbol{w}_t) \tag{5.6}$$

となる．●はまさに観測モデル（式 (3.22)（p.29））の操作に対応する．すると，$\boldsymbol{y}_t$ と $\tilde{\boldsymbol{x}}_t$ の間には，マルコフ性 2（式 (3.27)（p.31））が成り立っている．

$$\boldsymbol{y}_t \sim p(\boldsymbol{y}_t | \tilde{\boldsymbol{x}}_t) = p(\boldsymbol{y}_t | \boldsymbol{x}_t). \tag{5.7}$$

拡大状態ベクトル $\tilde{\boldsymbol{x}}_t$ に対しても 2 つのマルコフ性が成立しているので，前章

で勉強した漸化式は全部有効である．つまり，拡大状態ベクトルに対して，予測とフィルタリングの手法をそのまま使うことができる．まず，予測分布だが，

$$p(\tilde{\boldsymbol{x}}_t|\boldsymbol{y}_{1:t-1}) = \int p(\tilde{\boldsymbol{x}}_t|\tilde{\boldsymbol{x}}_{t-1})p(\tilde{\boldsymbol{x}}_{t-1}|\boldsymbol{y}_{1:t-1})\mathrm{d}\tilde{\boldsymbol{x}}_{t-1} \tag{5.8}$$

となる．実際に確率的に揺らぎが導入されるのは，拡大された状態ベクトルの中で $\boldsymbol{x}_t$ に対して $\boldsymbol{x}_{t-1}$ がどう関与するかという部分だけである．したがって，時刻 $\boldsymbol{x}_{t-1}$ から $\boldsymbol{x}_t$ へ更新する部分は，拡大する前のもともとのシステムモデルを用いて予測し，あとの部分は恒等写像なので，対応するもともとの状態ベクトルをそのまま移せばよい．

フィルタの部分も $\boldsymbol{x}_t$ のところを $\tilde{\boldsymbol{x}}_t$ と置き換えるだけでよいのだが，式をひも解いてよく考えると，$\tilde{\boldsymbol{x}}_t$ の構成要素のうち $\boldsymbol{y}_t$ に関連しているのは $\boldsymbol{x}_t$ だけであることがわかる．

$$\begin{aligned} p(\tilde{\boldsymbol{x}}_t|\boldsymbol{y}_{1:t}) &= \frac{p(\boldsymbol{y}_t|\tilde{\boldsymbol{x}}_t)\cdot p(\tilde{\boldsymbol{x}}_t|\boldsymbol{y}_{1:t-1})}{p(\boldsymbol{y}_t|\boldsymbol{y}_{1:t-1})} \\ &= \frac{p(\boldsymbol{y}_t|\boldsymbol{x}_t)\cdot p(\tilde{\boldsymbol{x}}_t|\boldsymbol{y}_{1:t-1})}{p(\boldsymbol{y}_t|\boldsymbol{y}_{1:t-1})}. \end{aligned} \tag{5.9}$$

$\tilde{\boldsymbol{x}}_t$ に関する予測・フィルタリング計算において，$\boldsymbol{x}_t$ のときと比較すると状態ベクトルの次元は増えているが，計算量としてはさほど増えない．固定ラグ平滑化の優れた点は，マルコフ性の 1 番目と 2 番目が拡大された状態ベクトルに対して成り立つので，既存の $\boldsymbol{x}_t$ 用のプログラムが全部使えることである．

5.1.3 固定点平滑化

3 つ目の平滑化アルゴリズムは**固定点平滑化**である．そのアルゴリズムでは，まさに名前が示すように，ある固定された時刻の状態ベクトルの周辺分布しかとり扱わない．図 5.3 （p.58）で説明する．(0|0) に対して時刻 $t=1$ のデータ $\boldsymbol{y}_1$ の影響を作用させたいとき，(1|1) から 1 期前平滑化（つまり←）を使って (0|1) を求める．次に時刻 $t=2$ のデータが入ってきて (1|1) から (2|2) を計算し，1 期前平滑化を 2 回繰り返して (0|2) を求める．1 期前平滑化を適用せずに (0|1) や (0|2) などを得られないものであろうか？ つまり，いきなり (0|1) から (0|2) へ更新したい．1 期先予測（→），フィルタリング（↓），1 期前平滑化（←）を繰り返し組み合わせることでできないことはないが面倒である．一発で計算できる

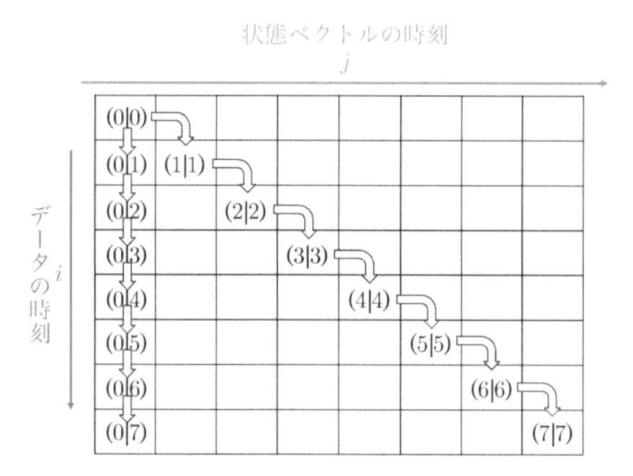

図 5.3　固定点平滑化

アルゴリズム，それが固定点平滑化である．これを図中のセルの移動で説明すれば，データが入ってくるたびに，→↓によって対角線上を移動すると同時に，ある時刻 j の状態ベクトルの条件つき分布 $(j|\cdot)$ を↓に移動するのである．今の場合だと，$(0|\cdot)$ を起点に↓に移動する．データが得られるたびに推定値を改良する処理タイプをオンライン型，一方データをすべて獲得したあとに推定値の改良を行う処理タイプをオフライン型と一般にいうが，固定点平滑化は，多くの場合このような初期分布のオンライン改良に用いられる．

> 固定点平滑化を使えば，$(0|0)$，つまり初期分布として広いサポート（0 とならない領域）をもつ（裾の広い）分布を適当に与えておき，データが入るたびに $(0|\cdot)$ を修正可能である．データが入るたびに収斂（しゅうれん）して初期分布が定まってくる．第 10 章で述べるデータ同化では，このテクニックを使ってシミュレーションの初期条件を固定点平滑化で決める．

固定点平滑化のアルゴリズムも，拡大された状態ベクトルを使った状態空間モデルを考えることで自然に導出できる．今，時刻 $t-1$ のフィルタ分布 $(t-1|t-1)$ が手元にあるとする．また s を固定した，興味ある時刻とする．ただし，$0 \leq s < t-1$ である．さらに，時刻 s の条件つき分布 $(s|t-1)$ も所与とする．ここで次のように状態ベクトルを拡大する．

$$\tilde{\boldsymbol{x}}_t = \begin{bmatrix} \boldsymbol{x}_t \\ \boldsymbol{x}_s \end{bmatrix}. \tag{5.10}$$

そうすると拡大状態ベクトルに対して，以下のようなシステムモデルが設定できる．

$$\tilde{\boldsymbol{x}}_t = \begin{bmatrix} \boldsymbol{x}_t \\ \boldsymbol{x}_s \end{bmatrix} = \begin{bmatrix} \bullet & 0_{k\times k} \\ 0_{k\times k} & I_{k\times k} \end{bmatrix} \begin{bmatrix} \boldsymbol{x}_{t-1} \\ \boldsymbol{x}_s \end{bmatrix}. \tag{5.11}$$

●の部分は，前項同様，システムモデル

$$\boldsymbol{x}_t = f_t(\boldsymbol{x}_{t-1}, \boldsymbol{v}_t) \tag{5.12}$$

に対応しており，$\boldsymbol{x}_t$ を更新する．この更新式において，s は1時刻前の拡大された状態ベクトルでも s のままである点がポイントである．この式から明らかであるが，固定ラグ平滑化と同様にマルコフ性1（式 (3.26)（p.31））が成立する．

$$\tilde{\boldsymbol{x}}_t \sim p(\tilde{\boldsymbol{x}}_t|\tilde{\boldsymbol{x}}_{t-1}). \tag{5.13}$$

観測モデルについては

$$\boldsymbol{y}_t = \begin{bmatrix} \bullet & 0_{l\times k} \end{bmatrix} \begin{bmatrix} \boldsymbol{x}_t \\ \boldsymbol{x}_s \end{bmatrix}.$$

●の部分は観測モデルに相当する処理が入る．

$$\boldsymbol{y}_t = h_t(\boldsymbol{x}_t, \boldsymbol{w}_t).$$

マルコフ性の2番目（式 (3.27)（p.31））についても成立することは明らか．

$$\boldsymbol{y}_t \sim p(\boldsymbol{y}_t|\tilde{\boldsymbol{x}}_t) = p(\boldsymbol{y}_t|\boldsymbol{x}_t). \tag{5.14}$$

よって，式 (5.8)（p.57）および (5.9)（p.57）で示したように，拡大状態ベクトルに関して予測とフィルタリングを繰り返せば，自動的に $(t|t)$ と $(s|t)$ が得られるというわけである．$(s|t)$ を得るためには，今は $\tilde{\boldsymbol{x}}_t$ の分布をとり扱っているので，つまり $(\boldsymbol{x}_t, \boldsymbol{x}_s)$ の同時分布を見ているのだから，$\boldsymbol{x}_t$ で周辺化することを忘れてはいけない．周辺化した式は

$$\begin{aligned} p(\boldsymbol{x}_s|\boldsymbol{y}_{1:t}) &= \int p(\boldsymbol{x}_t, \boldsymbol{x}_s|\boldsymbol{y}_{1:t})\mathrm{d}\boldsymbol{x}_t \\ &= \int p(\tilde{\boldsymbol{x}}_t|\boldsymbol{y}_{1:t})\mathrm{d}\boldsymbol{x}_t \end{aligned} \tag{5.15}$$

である．

5.2 … 学習によるモデルの改良

5.2.1 パラメータと尤度関数

状態空間モデルには未知のパラメータが含まれている．実際，式 (3.21) (p.29) や (3.22) (p.29) には $\boldsymbol{\theta}_{\rm sys}$ および $\boldsymbol{\theta}_{\rm obs}$ のパラメータが存在する．具体的には，データに $\mu_{1:T}$ をあてはめるときの，α^2 や σ^2 のようなガウスノイズの分散もパラメータである．第 1 章でも説明したように，これらのパラメータ値は結果を大きく左右する．したがって，データからパラメータ値を学習する方法について説明する．

指針となるのは，式 (2.17) (p.20) で示した $\boldsymbol{y}_{1:T}$ の確率 $p(\boldsymbol{y}_{1:T})$ の分解公式である．鎖状構造グラフィカルモデルの場合は，さらに式 (4.10) (p.43) で与えられる．この $p(\boldsymbol{y}_{1:T})$ はパラメータを含む．パラメータを与えることは「条件をつけている」ことと等価である．したがって，パラメータの存在を明示して示すときは $p(\boldsymbol{y}_{1:T})$ は $p(\boldsymbol{y}_{1:T}|\boldsymbol{\theta})$ となる．なお $\boldsymbol{\theta}$ は，式 (3.21) (p.29) と (3.22) (p.29) で構成される状態空間モデルの場合，

$$\boldsymbol{\theta} \equiv \begin{bmatrix} \boldsymbol{\theta}_{\rm sys} \\ \boldsymbol{\theta}_{\rm obs} \end{bmatrix} \tag{5.16}$$

である．

データ解析をする場面では，データ $\boldsymbol{y}_{1:T}$ は手元にあり確定している一方，$\boldsymbol{\theta}$ は未知である．よって，$p(\boldsymbol{y}_{1:T}|\boldsymbol{\theta})$ は $\boldsymbol{\theta}$ の関数になっている．$\boldsymbol{\theta}$ の値を具体的に与えれば，$p(\boldsymbol{y}_{1:T}|\boldsymbol{\theta})$ の値は確定するともいい換えられる．$p(\boldsymbol{y}_{1:T}|\boldsymbol{\theta})$ のことを**尤度関数**と呼ぶ．式 (4.11) (p.43) のような対数をとったものは，**対数尤度関数**という．よって，パラメータ値の決め方の一つとして，尤度関数を最大にする方法があり得る．この決め方を**最尤法**（さいゆうほう）(Maximum Likelihood Method)，また決められたパラメータ値を**最尤推定値**と呼び $\hat{\boldsymbol{\theta}}_{\rm ML}$ で表す．

$$\hat{\boldsymbol{\theta}}_{\rm ML} \equiv \underset{\boldsymbol{\theta}}{\rm argmax} \quad p(\boldsymbol{y}_{1:T}|\boldsymbol{\theta}). \tag{5.17}$$

実際に $\hat{\boldsymbol{\theta}}_{\rm ML}$ を得る手続きを説明する．$\boldsymbol{\theta}$ が 1 次元の場合を考える．たとえば，

システムノイズの分散のみがわからないといった場合である．まず θ を離散化し，i 番目の値を θ_i で記す．次に，横軸に θ_i をとり，$\log p(\boldsymbol{y}_{1:T}|\theta_i)$ を計算し，その値をグラフにプロットする．$(\theta_i, \log p(\boldsymbol{y}_{1:T}|\theta_i))$ を線で結び，一番大きいところの θ_i をとり，それを $\hat{\theta}_{\mathrm{ML}}$ とする．$\boldsymbol{\theta}$ の次元が大きくなってくると，このような直接的なやり方（最適化では直接法と呼ぶ）は現実的解決策でなくなる．ただし数次元（4 次元）くらいだったら，直接法でやるべきである．最近は CPU を多数備えた並列計算機の利用も容易になってきたので，各 CPU に $\log p(\boldsymbol{y}_{1:T}|\boldsymbol{\theta}_i)$ の計算作業を分配させれば，着実に安定して正しい $\hat{\boldsymbol{\theta}}_{\mathrm{ML}}$ にたどり着ける．10 次元ぐらいになると，計算すべき $\log p(\boldsymbol{y}_{1:T}|\boldsymbol{\theta}_i)$ の数が爆発的に増えるので，直接法の適用は難しくなる．そのような場合は，準ニュートン法などの最適化の一手法である勾配法を採用する．

$\boldsymbol{\theta}$ の中でも性質のよいパラメータと悪いパラメータがある．“性質がよい” というのは，それらのパラメータに関しては「$\log p(\boldsymbol{y}_{1:T}|\boldsymbol{\theta})$ の関数の形状が滑らかであり，準ニュートン法[1]がうまく働く」ことを指す．たとえば，システムノイズの分布形や，観測ノイズの分布形というのはデータの一点一点すべてに関与する量なので，分布形を特定するパラメータはある意味特定の情報にセンシティブではない．その結果，いろいろな要因が複雑にからみ合ったとしても，分布形のパラメータ空間では $\log p(\boldsymbol{y}_{1:T}|\boldsymbol{\theta})$ は単調性（や凸性）をもつことが多い．そのようなパラメータを集め，それらのベクトルの最適化には準ニュートン法などの勾配法を適用すると計算コストを著しく下げられる．一般に，性質の悪いパラメータがあったら，直接法による評価が安心である．

今までの話では，$\boldsymbol{\theta}$ について事前情報はなかった．事前分布 $p(\boldsymbol{\theta})$ を導入し，事後確率が最大になるように $\boldsymbol{\theta}$ を定める方法もある．$\boldsymbol{\theta}$ の事後分布は式 (2.24) (p.22) にならって

$$p(\boldsymbol{\theta}|\boldsymbol{y}_{1:T}) = \frac{p(\boldsymbol{y}_{1:T}|\boldsymbol{\theta}) \cdot p(\boldsymbol{\theta})}{p(\boldsymbol{y}_{1:T})} \propto p(\boldsymbol{y}_{1:T}|\boldsymbol{\theta}) \cdot p(\boldsymbol{\theta}) \tag{5.18}$$

となる．最右辺を $\boldsymbol{\theta}$ に関して最大にする（一点推定）解をベイズ ML 推定値と

1　準ニュートン法とは，関数の形状が大域的には 2 次関数的であるとの仮定の下に，局所的な勾配情報を用いて 2 次関数の最大値（あるいは最小値）を逐次的に求める数値的最適化の一手法である．また，この 2 次関数的な形状を示す関数の性質を凸性と呼ぶ．

いう．事前情報を入れているからベイズといえばベイズであるが，まだ最尤推定の枠組み内である．最右辺の対数をとったものは

$$\log p(\boldsymbol{y}_{1:T}|\boldsymbol{\theta}) + \log p(\boldsymbol{\theta}) \tag{5.19}$$

であるから，通常の尤度（第１項）に，第２項のペナルティ項がついているものと理解できる．パラメータを点推定するアプローチを総称して**経験ベイズ**と呼ぶ．

最尤法のように一点推定せずに，事前分布 $p(\boldsymbol{\theta})$ からサンプル $\boldsymbol{\theta}_i$ をとってきて事後平均を求めるやり方もある．サンプルを $\boldsymbol{\theta}_i \sim p(\boldsymbol{\theta})$ で得る．また，サンプル総数を M とする．すると $P(\boldsymbol{\theta} = \boldsymbol{\theta}_i) = 1/M$ となり，サンプルによらずに等しい．したがって，事後確率は式 (5.18) （p.61）より，

$$\begin{aligned} P(\boldsymbol{\theta} = \boldsymbol{\theta}_i|\boldsymbol{y}_{1:T}) &\propto p(\boldsymbol{y}_{1:T}|\boldsymbol{\theta}_i) \cdot \frac{1}{M} \\ &\propto p(\boldsymbol{y}_{1:T}|\boldsymbol{\theta}_i). \end{aligned} \tag{5.20}$$

$p(\boldsymbol{y}_{1:T}|\boldsymbol{\theta}_i)$ を評価し，サンプルの重みつき平均を推定値とするのである．すなわち

$$\hat{\boldsymbol{\theta}}_{\text{post}} \equiv \frac{1}{\displaystyle\sum_{i=1}^{M} p(\boldsymbol{y}_{1:T}|\boldsymbol{\theta}_i)} \sum_{i=1}^{M} \boldsymbol{\theta}_i \cdot p(\boldsymbol{y}_{1:T}|\boldsymbol{\theta}_i), \quad \boldsymbol{\theta}_i \sim p(\boldsymbol{\theta}). \tag{5.21}$$

このように，$\boldsymbol{\theta}$ の事後分布からのサンプル平均などでもって $\boldsymbol{\theta}$ の推定値を定めるアプローチを**フルベイズ**という．

> 特に性質の悪いパラメータの推定は，点推定してもしかたないので開き直ってフルベイズでやるべきである．フルベイズであれば，平均値で推定するから，偶発的に病的な値になる可能性が少ない．フルベイズ推定値は通常，平均値なので，比較的安心して（というか，安心することに腹を決めて）使うことができる．点推定だと「こいつだ」と決めてかかるようなものなので，高次元の場合はなかなかうまくいかない．あまりにもパラメータ $\boldsymbol{\theta}$ の次元が高くなったらフルベイズしかあり得ない．

5.2.2 拡大状態ベクトルによる推定法

固定点平滑化のアルゴリズムを導出したときの，ある時点の状態ベクトル $\boldsymbol{x}_s$

のかわりに $\boldsymbol{\theta}$ を代入してみよう．つまり，$\boldsymbol{\theta}$ を状態ベクトルに組み込んだ，拡大状態ベクトルを考えてみる．時刻 t と時刻 $t-1$ の拡大状態ベクトル間の関係を書き下すと，以下のようになる．

$$\begin{bmatrix} \boldsymbol{x}_t \\ \boldsymbol{\theta} \end{bmatrix} = \begin{bmatrix} \bullet & 0_{k\times k'} \\ 0_{k'\times k} & I_{k'\times k'} \end{bmatrix} \begin{bmatrix} \boldsymbol{x}_{t-1} \\ \boldsymbol{\theta} \end{bmatrix}. \tag{5.22}$$

k' は $\boldsymbol{\theta}$ の次元．ここで，この拡大状態ベクトルについても，マルコフ性 1（式 (3.26)（p.31））が成り立つことは明らか．●には，これまで同様，システムモデル（式 (3.21)（p.29））による状態ベクトルの更新式が対応する．

観測モデルについては

$$\boldsymbol{y}_t = \begin{bmatrix} \bullet & 0_{l\times k'} \end{bmatrix} \begin{bmatrix} \boldsymbol{x}_t \\ \boldsymbol{\theta} \end{bmatrix}. \tag{5.23}$$

●の部分は観測モデル（式 (3.22)（p.29）に相当する処理が入る．マルコフ性 2（式 (3.27)（p.31））についても成立することは明らか．よって，固定点平滑化アルゴリズム導出の際に議論したことがすべてそのまま成り立つ．

パラメータをとり込んだ拡大された状態ベクトルによる状態空間モデルを**自己組織型状態空間モデル**ということもある．固定点平滑化アルゴリズムの適用により，データが入るたびに与えた $\boldsymbol{\theta}$ の初期分布がだんだんに修正されていく．これは，$\boldsymbol{\theta}$ をデータからオンライン学習するアルゴリズムである．

第6章

粒子フィルタ：予測計算を実装する

6.1 … 分布の近似

6.1.1 モンテカルロ近似

第4章で説明した3つの重要な操作,「予測（式(4.4)（p.41））」,「フィルタリング（式(4.9)（p.42））」,「固定区間平滑化（式(4.17)（p.46））」のアルゴリズムは，条件つき分布に成り立つ理論式であった．これらのアルゴリズムを計算機で実現するうえで2つ問題がある．

- 条件つき分布を計算機上でどのように表現するか？
- 状態ベクトルの次元の多重積分計算をいかに実現するか？

まず，最初の分布表現について，状態ベクトルの次元が1次元の場合を例に具体的に考えてみよう．今，図6.1（p.65）の左列の最上段に示すものが表現したい理論分布の形状だったとする．注意しておきたいのは，分布は一般に，ありとあらゆる形状をとり得る点である．カルマンフィルタでは左列の中段に示すように，すべての条件つき分布がガウス分布になるが，理論分布からは大きく乖離してしまう．

次に考えられる分布の表現方法は，右列の最上段に示すように分布をヒストグラム（階段関数）で近似し，計算機には各縦棒の横の位置と高さを記憶させる方法である．たとえば，$\boldsymbol{x}_t$ のとり得る値の最小値・最大値の範囲（レンジ）を100分割し，何番目の階級（ビン）で高さはいくつかを計算機に保存する．もちろん表現された分布が確率であるためには，ヒストグラムの面積は1になる必要がある．階段関数よりも近似度を高めるには折れ線近似（リニアスプライン）を採用

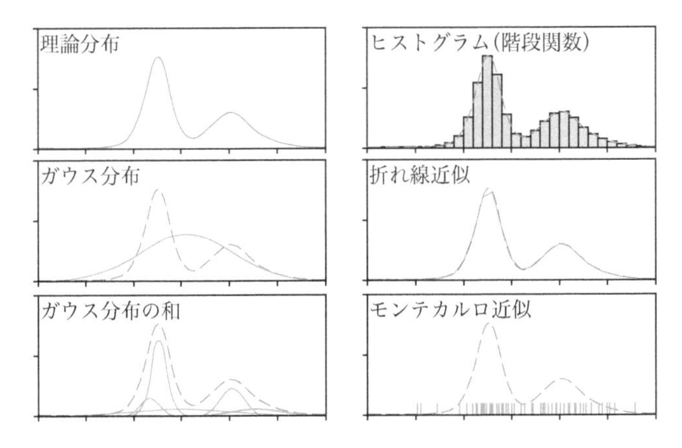

図 6.1 分布の近似表現いろいろ

してもよい．その様子を右列の中段に示した．このアプローチは一見よさそうであるが，実は状態ベクトルの次元に関して，高々 4 次元程度までしか有効でない．その原因は，一つは次元の増大とともに分布表現に必要とされる計算機メモリが次元のべき乗で爆発することと，もう一つは上述した 2 つ目の多重積分がもたらすプログラミング上の困難である．

状態ベクトルの次元は 10 を超えることも普通であり，本書で応用例として後述するデータ同化の場合には $10^3 \sim 10^5$ にもなることがある．したがってこのアプローチは特殊な問題を除いて採用できない．過去にはたくさんのガウス分布の和でもって分布を表現する（左列の最下段に示した），いわゆる**ガウス和フィルタ**も提案されたが，非線形フィルタリングの逐次更新計算を繰り返すたびに，ガウス分布の個数が指数的に爆発してしまう困難さがあった．当然，何らかの基準でもってあまり必要と思えないガウス分布を計算機メモリから消去する作業が発生し，その手続きが煩雑なために，季節調整問題などの状態ベクトルの次元が比較的小さい（10〜20 程度）問題以外にはあまり適用されなかった．方法論としては優れたアプローチであるが，ソフトウェア工学の観点からは劣っていた．なぜなら人間の介在がソフトウェア工学の本質にあるからだ．要は面倒くさいプログラミングが必要なアルゴリズムは“はやらない”という現実がある．そこで登場するのが，モンテカルロ近似である．

モンテカルロ近似とは，右列の最下段に示すように，実現値（サンプル）でもって分布を表現する形式である．実際に N 個の実現値を用いて，予測分布および

フィルタ分布を表現することを考える．各分布に対して，一つ一つの実現値を

予測分布： $\boldsymbol{x}_{t|t-1}^{(i)}$

フィルタ分布： $\boldsymbol{x}_{t|t}^{(i)}$

で表す．(i) は N 個ある実現値の中で何番目のものであるかを示すインデックスである．また，下つき添え字 $t|t-1$ で，縦バーの左側は状態ベクトルの時刻に対応し，時刻 t の状態ベクトルであることを示している．一方，縦バーの右側の $t-1$ は，条件となる所与のデータ $\boldsymbol{y}_{1:t-1}$ の $t-1$ である．すなわち時刻 $t-1$ までのデータに基づいた時刻 t の状態ベクトルであることを示す．$t|t$ は $\boldsymbol{y}_{1:t}$ が所与のもとでの時刻 t の状態ベクトルであることを示す．この N 個の集団をアンサンブルと呼び，

$$X_{t|t-1} \equiv \{\boldsymbol{x}_{t|t-1}^{(i)}\}_{i=1}^{N}, \tag{6.1}$$

$$X_{t|t} \equiv \{\boldsymbol{x}_{t|t}^{(i)}\}_{i=1}^{N} \tag{6.2}$$

のように表記する．また，一つ一つの実現値をアンサンブルメンバと呼ぶこともあるが，本書では粒子フィルタを解説する中で言及するため，以下では一貫して，粒子と呼ぶことにする．よって，予測分布およびフィルタ分布の粒子を，各々，予測粒子およびフィルタ粒子と呼ぶ．

ここで，各粒子を得る確率は同じにしておいたほうがアルゴリズムがシンプルになるので，確率は等しいとしておく．つまり，

$$P\left(\boldsymbol{x}_t = \boldsymbol{x}_{t|t-1}^{(i)}\right) = \frac{1}{N}, \tag{6.3}$$

$$P\left(\boldsymbol{x}_t = \boldsymbol{x}_{t|t}^{(i)}\right) = \frac{1}{N}. \tag{6.4}$$

この確率のことを，粒子の**重み**といったり，粒子の**質量**と呼ぶ．もちろん，質量を変えてもかまわないが，その場合は各粒子の質量を示す変数を導入し，またその総質量が 1 になるようにしておかねばならない．

6.1.2 デルタ関数の性質

モンテカルロ近似された分布関数を数学的に表現し，次節において粒子フィルタを解説するためにデルタ関数を導入する．ここで x はスカラーとする．デルタ

関数は，x が連続値の場合には，x が0の点で無限大の値をとり，それ以外のところでは0となる．

$$\delta(x) = \begin{cases} +\infty & x = 0 \\ 0 & x \neq 0 \end{cases}. \tag{6.5}$$

x が離散値しかとらない場合には，x が 0 の点で 1 の値をとり，それ以外のところでは0となる．

$$\delta(x) = \begin{cases} 1 & x = 0 \\ 0 & x \neq 0 \end{cases}. \tag{6.6}$$

x の定義域が $-\infty$ から $+\infty$ までだったならば，全体を積分すると 1 になる．

$$\int_{-\infty}^{+\infty} \delta(x)\mathrm{d}x = 1. \tag{6.7}$$

さて，粒子フィルタのアルゴリズムを理解するうえで最も重要なデルタ関数の性質を次に説明する．デルタ関数は $x = 0$ のところだけ無限大でほかでは値として 0 であるから，任意の関数 $f(x)$ を掛け算して積分を行うと，$x = 0$ のところだけ意味をもつことがイメージできるであろう．この結果，積分は $f(0)$ という値をもつのがデルタ関数の特性である．式で表せば

$$\int f(x)\delta(x)\mathrm{d}x = f(x = 0) \tag{6.8}$$

となる．原点から位置をずらしたときには

$$\int \delta(x - a)f(x)\mathrm{d}x = f(x = a). \tag{6.9}$$

この場合は $x = a$ のところだけデルタ関数が値をもつので，積分は $f(a)$ の値になる．ここではなぜと思うのでなく，そういう定義であると理解して先にすすんでいただきたい．

連続関数のデルタ関数は，ガウス分布の分散を0に極限をとったものとしても定義できる．したがって，有限の分散値をもつガウス分布と $f(x)$ を掛け算した関数を積分し，最後に分散を0にする極限をとっても同じ答えになる．

6.1.3 分布の表現

いよいよ予測分布とフィルタ分布を，実現値の集合（アンサンブル）を用いて数学的に表現する．ここで先ほどのデルタ関数が出てくる．なお，状態ベクトルは一般には多次元である．多次元のデルタ関数の数学的議論にはいろいろ注意が必要である．しかしながら，本書は初学者向きの本なので，その使用法については数学的な厳密性を厳しく問わない方針で以下の説明をすすめていく．スカラーの変数時の操作との比較でアナロジー的に理解していけば十分であるうえ，得られた結果はいずれにせよ正しい．

今，N 個の実現値で分布を近似するということは，N 個のデルタ関数の和により分布を表現したことに相当する．したがって予測分布はモンテカルロ近似においては

$$p(\boldsymbol{x}_t|\boldsymbol{y}_{1:t-1}) \simeq \frac{1}{N}\sum_{i=1}^{N}\delta(\boldsymbol{x}_t - \boldsymbol{x}_{t|t-1}^{(i)}) \tag{6.10}$$

で与えられる．本書で $\simeq$ は，「左辺の分布を右辺の分布で近似する」ことを指す．実現値である，粒子の位置 $\boldsymbol{x}_{t|t-1}^{(i)}$ の下つき添え字に改めて注目してほしい．

デルタ関数は i 番目の粒子の位置 $\boldsymbol{x}_{\cdot|\cdot}^{(i)}$ で無限大の値をとる．その N 個の和で分布を表現している．同様にフィルタ分布についても

$$p(\boldsymbol{x}_t|\boldsymbol{y}_{1:t}) \simeq \frac{1}{N}\sum_{i=1}^{N}\delta(\boldsymbol{x}_t - \boldsymbol{x}_{t|t}^{(i)}). \tag{6.11}$$

デルタ関数単体は，式 (6.7)（p.67）にも示したように，定義域で積分すると 1 になる．よって $\boldsymbol{x}_t$ で積分したとき N 個のデルタ関数があると，積分値が N になってしまう．右辺の分数 $1/N$ は，積分値を 1 にするための正規化係数である．

6.2 … アルゴリズム

6.2.1 予測

予測分布およびフィルタ分布を式 (6.10) と (6.11) のように表現してしまえば，予測とフィルタリングの理論式にそれらを代入するだけで粒子フィルタは導出できる．まず代入の前に予測の式 (4.4)（p.41）の積分の中身を次のように式変形しておく．

$$
\begin{aligned}
&p(\boldsymbol{x}_t|\boldsymbol{y}_{1:t-1})\\
&=\int p(\boldsymbol{x}_t|\boldsymbol{x}_{t-1})p(\boldsymbol{x}_{t-1}|\boldsymbol{y}_{1:t-1})\mathrm{d}\boldsymbol{x}_{t-1}\\
&=\int\left\{\int p(\boldsymbol{x}_t,\boldsymbol{v}_t|\boldsymbol{x}_{t-1})\mathrm{d}\boldsymbol{v}_t\right\}p(\boldsymbol{x}_{t-1}|\boldsymbol{y}_{1:t-1})\mathrm{d}\boldsymbol{x}_{t-1}\\
&=\int\left\{\int p(\boldsymbol{x}_t|\boldsymbol{v}_t,\boldsymbol{x}_{t-1})\cdot p(\boldsymbol{v}_t|\boldsymbol{x}_{t-1})\mathrm{d}\boldsymbol{v}_t\right\}p(\boldsymbol{x}_{t-1}|\boldsymbol{y}_{1:t-1})\mathrm{d}\boldsymbol{x}_{t-1}\\
&=\int\left\{\int p(\boldsymbol{x}_t|\boldsymbol{v}_t,\boldsymbol{x}_{t-1})\cdot p(\boldsymbol{v}_t)\mathrm{d}\boldsymbol{v}_t\right\}p(\boldsymbol{x}_{t-1}|\boldsymbol{y}_{1:t-1})\mathrm{d}\boldsymbol{x}_{t-1}. \qquad (6.12)
\end{aligned}
$$

テクニカルに感じるかもしれないが，3 行目に示すように，式 (2.7) (p.17) の周辺化を逆に用い $p(\boldsymbol{x}_t|\boldsymbol{x}_{t-1})$ を $\boldsymbol{x}_t$ と $\boldsymbol{v}_t$ の同時分布 $p(\boldsymbol{x}_t,\boldsymbol{v}_t|\boldsymbol{x}_{t-1})$ を用いて表現している．3 行目から 4 行目への変形は，その同時分布を確率の乗法定理（式 (2.8) (p.18)）を用いて分解することにより得られる．ここで $p(\boldsymbol{v}_t|\boldsymbol{x}_{t-1})$ に注目すると，$\boldsymbol{v}_t$ はシステムノイズで，システムノイズの分布はその定義（式 (3.21) (p.29)）より $\boldsymbol{x}_{t-1}$ に依存しないことは明らか．よってシステムノイズ $\boldsymbol{v}_t$ の条件つき分布 $p(\boldsymbol{v}_t|\boldsymbol{x}_{t-1})$ の条件 $\boldsymbol{x}_{t-1}$ はとることができる．

ここで，時刻 $t-1$ のフィルタ分布のモンテカルロ表現

$$
p(\boldsymbol{x}_{t-1}|\boldsymbol{y}_{1:t-1})\simeq\frac{1}{N}\sum_{i=1}^{N}\delta(\boldsymbol{x}_{t-1}-\boldsymbol{x}_{t-1|t-1}^{(i)}) \qquad (6.13)
$$

を式 (6.12) に代入し，さらに積分と和の順番を逆にする．$\boldsymbol{x}_{t-1}$ にかかわる部分を最初にもってきて，中括弧 { } の中にまとめておく．

$$
\begin{aligned}
&p(\boldsymbol{x}_t|\boldsymbol{y}_{1:t-1})\\
&=\int\left\{\int p(\boldsymbol{x}_t|\boldsymbol{v}_t,\boldsymbol{x}_{t-1})\cdot p(\boldsymbol{v}_t)\mathrm{d}\boldsymbol{v}_t\right\}\cdot\left\{\frac{1}{N}\sum_{i=1}^{N}\delta\left(\boldsymbol{x}_{t-1}-\boldsymbol{x}_{t-1|t-1}^{(i)}\right)\right\}\mathrm{d}\boldsymbol{x}_{t-1}\\
&=\frac{1}{N}\sum_{i=1}^{N}\left[\int\left\{\int p(\boldsymbol{x}_t|\boldsymbol{v}_t,\boldsymbol{x}_{t-1})\cdot\delta\left(\boldsymbol{x}_{t-1}-\boldsymbol{x}_{t-1|t-1}^{(i)}\right)\mathrm{d}\boldsymbol{x}_{t-1}\right\}\cdot p(\boldsymbol{v}_t)\mathrm{d}\boldsymbol{v}_t\right]. \qquad (6.14)
\end{aligned}
$$

次に中括弧の $\boldsymbol{x}_{t-1}$ に関する積分の評価を行う．デルタ関数の定義（式 (6.9) (p.67)）より，この積分は $\boldsymbol{x}_{t-1}$ が $\boldsymbol{x}_{t-1|t-1}^{(i)}$ になった部分のところだけ値が存在して，$p(\boldsymbol{x}_t|\boldsymbol{v}_t,\boldsymbol{x}_{t-1|t-1}^{(i)})$ になる．よって残りの部分の積分は以下のように $\boldsymbol{v}_t$ に

かかわるものになる.

$$
\begin{aligned}
&p(\boldsymbol{x}_t|\boldsymbol{y}_{1:t-1}) \\
&= \frac{1}{N}\sum_{i=1}^{N}\left[\int p(\boldsymbol{x}_t|\boldsymbol{v}_t, \boldsymbol{x}_{t-1|t-1}^{(i)}) \cdot p(\boldsymbol{v}_t)\mathrm{d}\boldsymbol{v}_t\right].
\end{aligned} \tag{6.15}
$$

今, 各粒子に対して, それぞれ "1 個" だけシステムノイズ $\boldsymbol{v}_t$ のサンプル $\boldsymbol{v}_t^{(i)}$ をつくることにする. つまり,

$$
\boldsymbol{v}_t^{(i)} \sim p(\boldsymbol{v}_t). \tag{6.16}
$$

すると, $p(\boldsymbol{v}_t)$ はデルタ関数によって

$$
p(\boldsymbol{v}_t) \simeq \delta(\boldsymbol{v}_t - \boldsymbol{v}_t^{(i)}) \tag{6.17}
$$

と近似されたことになる. 分布の近似としては非常に違和感を覚えるかもしれないが, 粒子フィルタは粒子が N 個あるので, 全体ではシステムノイズサンプルも N 個出され, サンプル全体としては $p(\boldsymbol{v}_t)$ からの実現値としてよいアンサンブルになっていることに注意してもらいたい. もちろん, 各粒子に対して M 個で $p(\boldsymbol{v}_t)$ を表現することもできる. そのほうが抵抗感が少ないかもしれないので後ほど考える.

式 (6.17) の表現を式 (6.15) に代入し, 大括弧 [ ] の中の $\boldsymbol{v}_t$ についての積分を実行する. この積分は, またもやデルタ関数の定義 (式 (6.9) (p.67)) を使うと以下となる.

$$
\begin{aligned}
&p(\boldsymbol{x}_t|\boldsymbol{y}_{1:t-1}) \\
&= \frac{1}{N}\sum_{i=1}^{N}\left[\int p(\boldsymbol{x}_t|\boldsymbol{v}_t, \boldsymbol{x}_{t-1|t-1}^{(i)}) \cdot \delta(\boldsymbol{v}_t - \boldsymbol{v}_t^{(i)})\mathrm{d}\boldsymbol{v}_t\right] \\
&= \frac{1}{N}\sum_{i=1}^{N}\left[p(\boldsymbol{x}_t|\boldsymbol{v}_t^{(i)}, \boldsymbol{x}_{t-1|t-1}^{(i)})\right].
\end{aligned} \tag{6.18}
$$

式 (6.18) の和の中身, つまり $p(\boldsymbol{x}_t|\boldsymbol{v}_t^{(i)}, \boldsymbol{x}_{t-1|t-1}^{(i)})$ について考える. 条件である状態ベクトルとシステムノイズの値がすでにサンプル値として与えられているので, システムモデルが式 (3.21) (p.29) の場合は ($\boldsymbol{v}_t^{(i)}$ が所与のもとでの $\boldsymbol{x}_{t-1|t-1}^{(i)}$ の将来は),

$$x_{t|t-1}^{(i)} = f(x_{t-1|t-1}^{(i)}, v_t^{(i)}) \tag{6.19}$$

のようにユニークに決まる．したがって，分布 $p(x_t|v_t^{(i)}, x_{t-1|t-1}^{(i)})$ はデルタ関数 $\delta(x_t - x_{t|t-1}^{(i)})$ になる．よって，式 (6.18) （p.70）は

$$\begin{aligned}
&p(x_t|y_{1:t-1}) \\
&= \frac{1}{N}\sum_{i=1}^{N}\left[p(x_t|v_t^{(i)}, x_{t-1|t-1}^{(i)})\right] \\
&= \frac{1}{N}\sum_{i=1}^{N}\delta(x_t - f(x_{t-1|t-1}^{(i)}, v_t^{(i)})) \\
&= \frac{1}{N}\sum_{i=1}^{N}\delta(x_t - x_{t|t-1}^{(i)})
\end{aligned} \tag{6.20}$$

となる．結局，各粒子に対して 1 個発生させたシステムノイズと時刻 $t-1$ の粒子を使って，システムモデルの更新式 (3.21) （p.29）を通して計算した粒子の集合が，そのまま予測分布のアンサンブルになる．また式 (6.20) は分布が N 個のデルタ関数の和で表現されることを示しているので，各予測粒子 $x_{t|t-1}^{(i)}$ の重み（質量）は等しいことを示している．つまり，

$$P\left(x_t = x_{t|t-1}^{(i)}\right) = \frac{1}{N}. \tag{6.21}$$

このことは，定義式 (6.3) （p.66）とも合致している．

各粒子に加えられた操作を図示したものが図 6.2 の左側である．時刻 $t-1$ のフィルタ粒子 $x_{t-1|t-1}^{(i)}$ に対して，システムノイズ分布 $p(v_t)$ から発生したシステムノイズボール $v_t^{(i)}$ を 1 つぶつける．この衝撃と，運動方程式 $f(\cdot,\cdot)$ によりフィルタ粒子は動く．動いた結果の粒子の位置が $x_{t|t-1}^{(i)}$ になる．このようにし

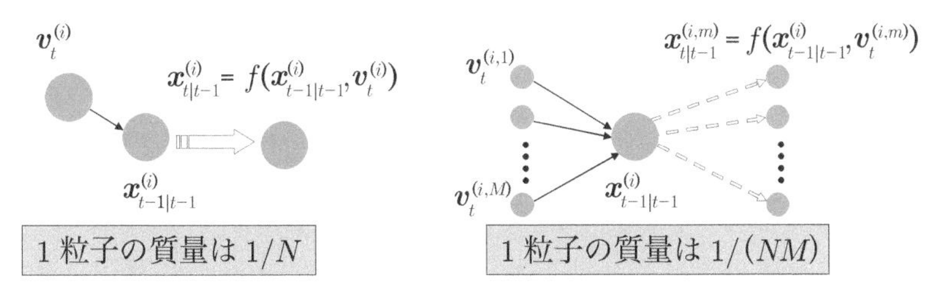

図 6.2　1 期先予測のシステムノイズ

て N 個の粒子を得る．また一個一個の粒子の質量は $1/N$ のままである．

先ほどの予測のアルゴリズム導出では，式 (6.16)（p.70）のところで各粒子に対して 1 個ずつシステムノイズのサンプルを得ていた．システムノイズの分布の近似式 (6.17)（p.70）の妥当性の視点からすれば，"各粒子 i" に対して M 個システムノイズを出すほうがより自然である．今，その結果得たシステムノイズのアンサンブルを

$$\{\boldsymbol{v}_t^{(i,m)}\}_{m=1}^{M} \sim p(\boldsymbol{v}_t) \tag{6.22}$$

のように書くことにする．するとシステムノイズの分布は "各粒子 i ごと" に，デルタ関数の和として

$$p^{(i)}(\boldsymbol{v}_t) \simeq \frac{1}{M}\sum_{m=1}^{M}\delta(\boldsymbol{v}_t - \boldsymbol{v}_t^{(i,m)}) \tag{6.23}$$

となる．$p^{(i)}(\boldsymbol{v}_t)$ を式 (6.15)（p.70）での大括弧 [ ] の中の $p(\boldsymbol{v}_t)$ に代入し，$\boldsymbol{v}_t$ についての積分を実行する．

$$\begin{aligned}
&\int p(\boldsymbol{x}_t|\boldsymbol{v}_t, \boldsymbol{x}_{t-1|t-1}^{(i)}) \cdot p(\boldsymbol{v}_t)\mathrm{d}\boldsymbol{v}_t \\
&= \int p(\boldsymbol{x}_t|\boldsymbol{v}_t, \boldsymbol{x}_{t-1|t-1}^{(i)}) \left(\frac{1}{M}\sum_{m=1}^{M}\delta(\boldsymbol{v}_t - \boldsymbol{v}_t^{(i,m)})\right)\mathrm{d}\boldsymbol{v}_t \\
&= \frac{1}{M}\sum_{m=1}^{M}\left(\int p(\boldsymbol{x}_t|\boldsymbol{v}_t, \boldsymbol{x}_{t-1|t-1}^{(i)})\delta(\boldsymbol{v}_t - \boldsymbol{v}_t^{(i,m)})\mathrm{d}\boldsymbol{v}_t\right) \\
&= \frac{1}{M}\sum_{m=1}^{M} p(\boldsymbol{x}_t|\boldsymbol{v}_t^{(i,m)}, \boldsymbol{x}_{t-1|t-1}^{(i)}) \\
&= \frac{1}{M}\sum_{m=1}^{M} \delta\left(\boldsymbol{x}_t - f(\boldsymbol{x}_{t-1|t-1}^{(i)}, \boldsymbol{v}_t^{(i,m)})\right) \\
&= \frac{1}{M}\sum_{m=1}^{M} \delta(\boldsymbol{x}_t - \boldsymbol{x}_{t|t-1}^{(i,m)}).
\end{aligned} \tag{6.24}$$

大括弧の中の積分の評価が式 (6.24) となったので，結局，予測分布は以下のようになる．

$$p(\boldsymbol{x}_t|\boldsymbol{y}_{1:t}) = \frac{1}{N}\sum_{n=1}^{N}\left[\frac{1}{M}\sum_{m=1}^{M}\delta\left(\boldsymbol{x}_t - \boldsymbol{x}_{t|t-1}^{(i,m)}\right)\right]$$

$$= \frac{1}{N \cdot M} \sum_{n=1}^{N} \sum_{m=1}^{M} \delta(\boldsymbol{x}_t - \boldsymbol{x}_{t|t-1}^{(i,m)}). \tag{6.25}$$

図 6.2 (p.71) の右側に注目してほしい．各粒子 i に対して M 個システムノイズボールをぶつけると M 個蜘蛛の子を散らすように "子ども" ができるので，子ども粒子は全部で NM 個になる．$1/N$ の重みをもつ各粒子 i に対して M 個子どもが生まれるので，できた子ども粒子の質量は $1/(NM)$ になる．もちろん，こちらの M 個に分裂するほうが予測分布の近似はよい．

6.2.2 フィルタリングと予測確率

フィルタリングの式 (4.9) (p.42) に立ち戻る．分母に状態ベクトルの次元の積分が出てくるが，これは分子の項の，確率変数 $\boldsymbol{x}_t$ の全バリエーションについて和をとればいい．したがって，まずは分子の項に注目する．今手元には，式 (6.20) (p.71) で求めた予測分布のアンサンブル $X_{t|t-1} = \{\boldsymbol{x}_{t|t-1}^{(i)}\}_{i=1}^{N}$ がある．ここで時刻 t のデータ $\boldsymbol{y}_t$ が得られたとき，各予測粒子を得る確率 $P(\boldsymbol{x}_t = \boldsymbol{x}_{t|t-1}^{(i)}|\boldsymbol{y}_{1:t})$ を計算してみる．式 (4.9) に現れる $p(\boldsymbol{y}_t|\boldsymbol{x}_t)$ の項において，$\boldsymbol{y}_t$ はもちろん，$\boldsymbol{x}_t$ も粒子の実現値 $\boldsymbol{x}_{t|t-1}^{(i)}$ としてその値が与えられているので，それらの値を入れてそのまま計算すればいい．

$$P\left(\boldsymbol{x}_t = \boldsymbol{x}_{t|t-1}^{(i)}|\boldsymbol{y}_{1:t}\right)$$

$$= \frac{p(\boldsymbol{y}_t|\boldsymbol{x}_{t|t-1}^{(i)})p(\boldsymbol{x}_{t|t-1}^{(i)}|\boldsymbol{y}_{1:t-1})}{\sum_{i=1}^{N} p(\boldsymbol{y}_t|\boldsymbol{x}_{t|t-1}^{(i)})p(\boldsymbol{x}_{t|t-1}^{(i)}|\boldsymbol{y}_{1:t-1})} \tag{6.26}$$

$$= \frac{w_t^{(i)} \cdot \frac{1}{N}}{\sum_{i=1}^{N} w_t^{(i)} \cdot \frac{1}{N}} \tag{6.27}$$

$$= \frac{w_t^{(i)}}{\sum_{i=1}^{N} w_t^{(i)}} = \tilde{w}_t^{(i)}. \tag{6.28}$$

$p(\boldsymbol{x}_{t|t-1}^{(i)}|\boldsymbol{y}_{1:t-1})$ は，式 (6.21) (p.71) で得られたように，$1/N$ である．したがっ

て，式 (6.27)（p.73）から式 (6.28)（p.73）への式変形において，$1/N$ は分子と分母でキャンセルされる．またここで，

$$w_t^{(i)} \equiv p(\boldsymbol{y}_t|\boldsymbol{x}_{t|t-1}^{(i)}) \tag{6.29}$$

とおいた．これは，i 番目の予測粒子が与えられたもとでの $\boldsymbol{y}_t$ の確率である．$\boldsymbol{x}_{t|t-1}^{(i)}$ も $\boldsymbol{y}_t$ も，ともに所与なので値が決まっており，$w_t^{(i)}$ の値は計算できる．分母は粒子によらない定数なので，予測粒子の確率 $P(\boldsymbol{x}_t = \boldsymbol{x}_{t|t-1}^{(i)}|\boldsymbol{y}_{1:t})$ は結局，$w_t^{(i)}$ の総和で規格化した $w_t^{(i)}$ の値となる．今それを式 (6.28) のように，相対的重みということで $\tilde{w}_t^{(i)}$ として書くことにする．$\tilde{w}_t^{(i)}$ は相対的な重みになっているので，

$$\sum_{i=1}^{N} \tilde{w}_t^{(i)} = 1 \tag{6.30}$$

を満たす．そもそも $\tilde{w}_t^{(i)}$ は予測粒子の確率なのでその総和は 1 にならなければならない．

ここで，式 (4.8)（p.42）でも言及したように，分母は予測確率である．したがって，粒子フィルタでの予測確率は

$$p(\boldsymbol{y}_t|\boldsymbol{y}_{1:t-1}) = \sum_{i=1}^{N} w_t^{(i)} \cdot \frac{1}{N} \tag{6.31}$$

で計算される．この式の意味は明解で，$1/N$ の項を和操作の前に出せば，予測確率は予測粒子の $w_t^{(i)}$ の平均値であることがすぐにわかる．対数尤度の定義式 (4.11)（p.43）に，式 (6.31) を代入すれば

$$\begin{aligned} \ell(\boldsymbol{y}_{1:T}) = \log p(\boldsymbol{y}_{1:T}) &= \sum_{t=1}^{T} \log p(\boldsymbol{y}_t|\boldsymbol{y}_{1:t-1}) \\ &= \sum_{t=1}^{T} \log \left\{ \sum_{i=1}^{N} w_t^{(i)} \right\} - T \log N \end{aligned} \tag{6.32}$$

を得る．

粒子フィルタで求めた対数尤度値（式 (6.32)）をもとに，式 (5.17)（p.60）でもって最尤推定値を求めるアプローチはなかなか成功しない．粒子フィルタでは

分布を実現値で表現しているので，状態ベクトルの次元の積分が必要となる予測確率（式 (4.8)（p.42））の推定に，式 (6.31)（p.74）のモンテカルロ積分を利用する．モンテカルロ積分には誤差がつきものなので，$\log p(\boldsymbol{y}_{1:T}|\boldsymbol{\theta})$ が $\boldsymbol{\theta}$ の関数としてきちんと求まらず，結果として最尤推定値が求まらないのである．もちろん，N を極端に大きくすれば，$\log p(\boldsymbol{y}_{1:T}|\boldsymbol{\theta})$ は一定の値に近づくが，分布の形状が悪ければ非常に多くの粒子でもってもなかなか収束しない．分布がピーク値からはずれた領域でも，比較的大きな確率値をとる性質を裾が重いという．裾が重い分布や，分布にピークが複数あったりすると，推定が極端にうまくいかなくなる．そのようなときは，N が小さければ，$N \to +\infty$ のときの $\hat{\boldsymbol{\theta}}_{\mathrm{ML}}$ の値から大きくずれてしまう危険性が高い．もちろん，性質がよい分布形もある．たとえば，単峰（ピークが 1 つ）でその近辺で分布の広がりがガウス的だったりすると，驚くほど少ない粒子数でもよいモンテカルロ積分値が得られる．

6.2.3 リサンプリング

さて，ここで困ったことが起きた．予測粒子群（つまり $X_{t|t-1}$）をそのままフィルタ粒子群として採用すると，粒子を得る確率が粒子ごとに異なってしまい式 (6.4)（p.66）の定義式に抵触してしまう．この問題は，予測粒子群 $X_{t|t-1}$ から，$\tilde{w}_t^{(i)}$ の重みで各粒子 $x_{t|t-1}^{(i)}$ を N 個復元抽出すればよい．コラム（p.72～p.73）で言及した，NM 個予測粒子をつくる方法の場合も，個数を同様のやり方で N 個に減らす．復元抽出のことを以下ではリサンプリングと呼ぶ．リサンプリングの結果得られる粒子群をフィルタ粒子のアンサンブルとする．これにより，各粒子の重みは $1/N$ になり，式 (6.4) の定義式も満たすことができる．

リサンプリングの具体的手続きをもう少し丁寧に説明する．$\tilde{w}_t^{(i)}$ に従うリサンプリングは絵に描くと図 6.3（p.76）のようなイメージになる．簡単にいってしまえば 1 回の復元抽出の操作は，ルーレット盤に 1 回玉を投げる，あるいは的（まと）に矢を投げるダーツのようなものである．各扇形の面積が $\tilde{w}_t^{(i)}$ であるようなルーレット盤を用意する．今，$N = 10$ とし，10 個復元抽出する．1 番目の重みが 14.5%，2 番目が 1.6% と，このようにしてルーレット盤を用意して，毎回，毎回玉を投げることを考える．玉が入ったところの番号をメモしておく．玉を投げる操作を 10 回繰り返し，結果として得られた 10 個の番号に相当する予測粒子を，

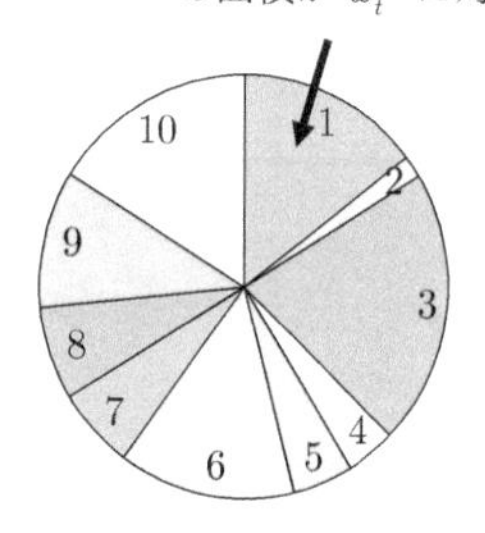

図 6.3　重み $\tilde{w}_t^{(i)}$ に従うリサンプリング

フィルタ粒子とするのである．ではこの作業を計算機の上でどのようにして実現するかについては，第 7 章で解説する．

6.3 … 粒子フィルタの図説

前節で解説した粒子フィルタのアルゴリズムを十分理解するために図 6.4 (p.77) にその概要を示した．

図 6.4 では，状態ベクトルの次元を 1 とし，その変数を縦軸にとっている．また視認しやすさのために $N = 6$ としている．実際に粒子フィルタを適用するときは，状態ベクトルの次元や問題の非線形度などの状況によって異なるが，$N = 10^2 \sim 10^6$ ぐらいになる．まず一番左側の縦線に注目する．時刻 $t-1$ でのフィルタ分布が 6 個の粒子群，$X_{t-1|t-1} = \{x_{t-1|t-1}^{(i)}\}_{i=1}^{6}$ で近似されていたとする．次に，各 i ごとに 1 つずつシステムノイズ $\boldsymbol{v}_t^{(i)}$ を発生させ，式 (3.21) (p.29) により，粒子の位置を更新する．イメージとしては，システムノイズがノイズボールでフィルタ粒子にぶつかり，運動方程式 (3.21) (p.29) でもって動く様子を想像してほしい．この作業は各粒子ごとに "完全に独立" に行ってもよいので，近年の並列性が著しく高い計算機環境にきわめて向いていることを注記しておく．この結果，1 つ右にずれた縦線上に並んだ粒子群が予測粒子群 $X_{t|t-1}$ になる．

予測粒子群が求まったところで，新しいデータ $\boldsymbol{y}_t$ が入ってくる．すると各粒子に重み（i 番目の粒子では $\tilde{w}_t^{(i)}$）が計算される．左から 3 番目の縦線上にある粒子の各面積で $\tilde{w}_t^{(i)}$ を表した．確率なので面積を全部足したら 1 になるように

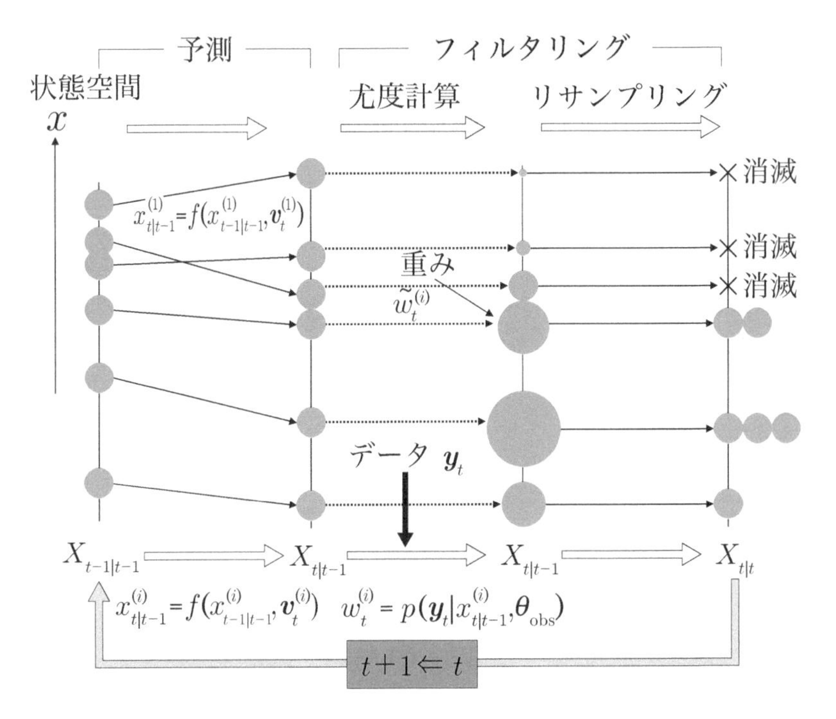

図 6.4 粒子フィルタの 1 サイクル

規格化してある．各粒子のデータへの適合度は面積を見ればよく，x_t の空間で見れば，下から 2 番目の粒子あたりが高く，上のほうは低くなっている．

最後に，この与えられた重みのもとで復元抽出を行う．一番右の縦線上にあるのがリサンプリングの結果得られた，時刻 t のフィルタ粒子群である．まず，個数が $N = 6$ であることを確認してほしい．この例の場合，適合度の高かった下から 2 番目の予測粒子が，フィルタ粒子として 3 つ複製されている．時刻 $t-1$ で適合度の高かった上から 3 つの予測粒子はフィルタ粒子としては再生されなかった．これで，時刻 t における粒子フィルタの一連の作業は終わりで，今度は図の下にある矢印のように，時間を $t+1$ に更新して，また今までと同じ作業を繰り返す．この繰り返しが粒子フィルタである．なお，先ほど 3 つに増えたクローンであるが，時刻 $t+1$ の予測の操作でシステムノイズが加わるため，時刻 $t+1$ の予測粒子としては異なった粒子になることに注意してほしい．

もしシステムノイズがなければ，同じ粒子（クローン）が増殖する．その結果，一回消滅した粒子が再生されることはあり得ない．したがって，データの前半部分で適合度が悪い一方，後半部分では適合度がよいような状態ベクトルが理論的には存在するという状況では，粒子フィルタは理論分布を適切に表現することがきわめて困難である．このような，同じ粒子に加速度的に集中していく現象を，分布の表現能力が減少する観点から，**退化**と呼ぶ．これを逆手にとったのが最適化の一手法として有名な，**遺伝的アルゴリズム**，あるいは**進化型計算**である．遺伝的アルゴリズムは最適化の手法なので，とどのつまり，複数点に解が集中していけばよい．

上述したように，粒子フィルタは必ず退化していくと誤解している人がいるが，システムノイズが入っていれば退化しない．たとえれば，同じ遺伝子をもった一卵性双生児でも，生まれたあとに受けるさまざまな擾乱（じょうらん）により，違った人生になるのと同じである．擾乱が違えば，幼少の頃は同じようでも大人になって違う人生を歩むであろう．

粒子フィルタの枠組みでは，式 (4.17)（p.46）で与えられる固定区間平滑化アルゴリズムの理論式をそのまま実現する方法はない．式の積分の中の項を見ると，分布を分布で割り算している．粒子フィルタでは分布をすべてデルタ関数で近似しているので，$\boldsymbol{x}_{t+1}$ の空間で $0/0$ や，有限の実数$/0$ などの，ほとんどいたるところで割り算の結果が未定義になってしまうためである．したがって，粒子フィルタを使って平滑化分布を得たいときには，固定ラグ平滑化を使うのが普通である．

第7章

乱数生成：不確実性をつくる

7.1 … リサンプリングの実装

7.1.1 一様乱数

ルーレット盤にランダムに玉を投げるのと同様の操作を計算機上で実現するには乱数が必要である．多種多様な乱数はすべて**一様乱数**から作成できるので，まず一様乱数のつくり方をしっかり学ぶ．0 より大きく 1 以下の定義域，つまり $(0,1]$ の範囲の値をとる一様分布を $U(0,1)$ と書く．$U(0,1)$ に従う独立な系列の乱数発生方法には，**物理乱数**と**擬似乱数**の 2 通りが世の中に存在する．なお，ここで**独立な系列**とは，i) 系列に周期が存在しない，ii) 系列中の隣同士の乱数値に相関がない，など，いろいろな基準から判断して質のよい乱数系列のことを指す．物理乱数は，熱などの揺らぎをともなう物理現象をそのまま利用し，実際の物理現象をデジタル数値系列に変換して得られる．物理乱数は周期が決して存在しないなど，乱数系列として望ましい特性を原理的に保持しているが，現象からデジタルの数値に対応づける機能が適切に構成されているかどうかなどのチェックはもちろん必要である．

擬似乱数は，計算機上のプログラムによって値を逐次的に計算して得る数値系列である．有名な方法として，**乗算合同法**があるが，いろいろ癖があり，ときには致命的な問題が存在する．したがって，今は**メルセンヌ・ツイスタ**と呼ばれる擬似乱数発生法を使うのが標準的である．たいてい，どんなソフトウェアやパッケージにも入っている．なお，一応説明しておくと，乗算合同法とは，1 つ前の数に何らかの数 a を掛けて，何らかの数 m で割った余りで次の数字を決める単純な方法である．式で書けば

$$I_k = \mathrm{mod}(aI_{k-1}, m), \quad \frac{I_k}{m} \sim U(0,1) \tag{7.1}$$

となる．

いわゆるモンテカルロ積分は単純な形で乱数を使うため，乱数のもつ悪さがそのまま推定値に出てくるので，乱数系列の質の悪さにすぐ気がつくことが多い．ところが，粒子フィルタや MCMC は複雑な形で乱数を使うので，一見何の問題もないように見えるうえ，目立たないので安心しがちである．が，乱数がたまに悪さをすることがある．乱数の使い方でミスをしていても，すぐには気がつかないので要注意．また最近は高速計算のために並列計算を実施することもよくあるが，隣同士の CPU でどんな乱数を発生しているのかよく考えないといけない．うまくやらないと，最悪，まったく同じ計算をすべての CPU 上で実行してしまうような，まぬけなことをやってしまう危険性もある．具体的にいえば，隣の CPU で，どんな乱数列の初期値，つまり“乱数の種”を与えたかを慎重に吟味せねばならない．違う種を与えるにしても，変な相関が出てしまうかもしれないので，並列計算機システム上での乱数の種の与え方は十分に考えなくてはならない．

7.1.2 経験分布関数

第 6.2.3 項に出てきたリサンプリングをいよいよ計算機上で実現しよう．課題は，予測粒子群 $X_{t|t-1}$ から，$\tilde{w}_t^{(i)}$ の重みで各粒子 $x_{t|t-1}^{(i)}$ を N 個復元抽出することであった．今，次のような量 F_j を定義する．なお，F_j は本章にのみ出てくる量であり，線形ガウス状態空間モデルのシステムモデルに出てきた F_t とは異なることを念のため注意しておく．

$$F_j \equiv \sum_{i=1}^{j} \tilde{w}_t^{(i)}. \tag{7.2}$$

ここで，1 つの相対的重みも加えない，$F_0 = 0$ も定義しておく．さらに，定義式 (6.30) （p.74）より

$$F_N = 1 \tag{7.3}$$

を満たすことを確認しておこう．このような，サンプル値（本書の例だと $\boldsymbol{x}_{t|t-1}^{(i)}$）の確率をもとに構成した F_j $(j = 1, \ldots, N)$ のことを経験分布関数と呼ぶ．

この F_j を使って，以下の経験分布の逆関数 $F^{-1}(u)$ を定義する．関数の引数 u は連続量で，その定義域は $(0,1]$ とする．

$$k = F^{-1}(u) \equiv \text{Find } k \text{ that satisfies } F_{k-1} < u \leq F_k. \tag{7.4}$$

つまり，F^{-1} は，$(0,1]$ の実数 u を入力すると，$1 \leq k \leq N$ の自然数を返す関数である．

この準備のもとに，時刻 t のフィルタリングにおける i' 回目の復元抽出の操作（ダーツの例だと，矢を投げはじめて i' 回目の投矢のこと）を実現する．なお，復元抽出の操作は N 回実施しなくてはならない．まず一様乱数より，$u_t^{(i')} \sim U(0,1)$ を得る．次に，経験分布の逆関数 F^{-1} を使って，$k(i') = F^{-1}(u_t^{(i')})$ により，フィルタ粒子として採用する予測粒子を指し示すインデックス $k(i')$ を得る．つまり，この i' 回目の復元抽出操作では，フィルタ粒子として $\boldsymbol{x}_{t|t-1}^{(k(i'))}$ を採択する．つまり，

$$\boldsymbol{x}_{t|t-1}^{(k(i'))} \to \boldsymbol{x}_{t|t}^{(i')} \tag{7.5}$$

の置き換えを行う．このようにして得られた N 個のインデックスより，フィルタ粒子群

$$\begin{aligned} X_{t|t} &\equiv \left[\boldsymbol{x}_{t|t-1}^{(k(1))}, \boldsymbol{x}_{t|t-1}^{(k(2))}, \ldots, \boldsymbol{x}_{t|t-1}^{(k(N))}\right] \\ &= \left[\boldsymbol{x}_{t|t}^{(1)}, \boldsymbol{x}_{t|t}^{(2)}, \ldots, \boldsymbol{x}_{t|t}^{(N)}\right] \end{aligned} \tag{7.6}$$

が得られる．

ここまで説明した手続きを，図 7.1（p.82）で解説してみよう．横軸が j，縦軸が F_j である．一番左端に示した $j=1$ のところで，階段の高さが 0 から $\tilde{w}_t^{(1)}$ になる．j が増えるにしたがって階段の高さが $\tilde{w}_t^{(j)}$ ずつ上がる．一番右端の $j=N$ までくると高さは 1 になる．一様乱数の値 $u_t^{(i')}$ が決まったら，その値をもつ横線と階段関数が交差する場所（図では，横矢印の→がぶつかった場所）を探し，その点から直線を真下に下ろす（図では，下矢印↓）．その下ろした場所の j が求める $k(i')$ である．逆関数の操作は，→↓の 2 つで構成されることになる．

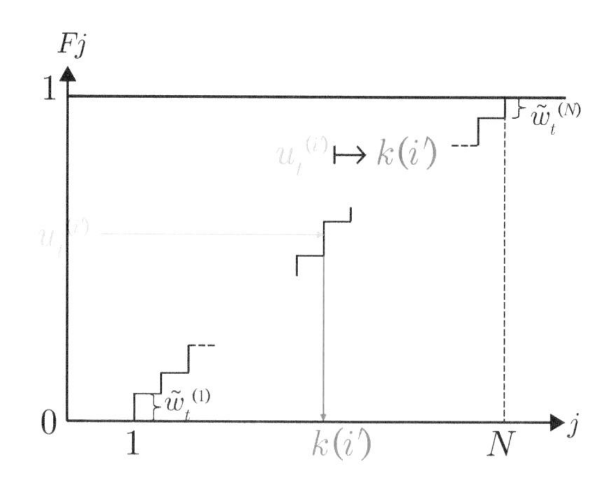

図 7.1　経験分布関数

7.2 … システムノイズの生成法

7.2.1　一般的生成法

リサンプリングの実装法を利用して，乱数 $\boldsymbol{v}_t^{(i)} \sim p(\boldsymbol{v})$ の発生法を説明する．今，システムノイズ $\boldsymbol{v}$ は以下スカラーとし，まず，任意の確率分布 $p(v)$ を離散化表現する．定義域の最小値，最大値を各々 $v_{\min}$，$v_{\max}$ とする．定義域が $-\infty$ や $+\infty$ の場合は，$p(v)$ が十分小さくなる値のところに $v_{\min}$ と $v_{\max}$ を設定すればよい．次に，$[v_{\min}, v_{\max}]$ の範囲を適当に J 個に分割する．もちろん，等分割してもよい．分割位置を $v_{[l]}$ $(l = 0, 1, \ldots, J)$ で記す．なお，

$$v_{[0]} \equiv v_{\min}, \quad v_{[J]} \equiv v_{\max} \tag{7.7}$$

とする．分割後の区間幅を

$$\Delta v_{[l]} \equiv v_{[l]} - v_{[l-1]} \quad (l = 1, \ldots, J) \tag{7.8}$$

で記す．この準備のもとで，次の手続きで経験分布関数を作成する．

$$F_j \equiv \frac{\displaystyle\sum_{l=1}^{j} p(v_{[l]}) \Delta v_{[l]}}{\displaystyle\sum_{l=1}^{J} p(v_{[l]}) \Delta v_{[l]}}. \tag{7.9}$$

この F_j を使って，以下の経験分布の逆関数 $F^{-1}(u)$ を定義する．前節同様，引数 u は連続量で，その定義域は $(0,1]$ とする．

$$v = F^{-1}(u) \equiv \begin{array}{l} \text{Find } k \text{ that satisfies } F_{k-1} < u \leq F_k \\ \text{and, calculate } v = \dfrac{v_{[k-1]} + v_{[k]}}{2}. \end{array} \tag{7.10}$$

これにより，任意の確率分布 $p(v)$ に従うノイズ系列を，一様乱数 u からつくることができる．実際の計算においては，あらゆる計算の前（たとえば，粒子フィルタを適用前）に

$$\left[\left(\frac{v_{[j-1]} + v_{[j]}}{2}\right), F_j\right] \quad (j = 1, \ldots, J) \tag{7.11}$$

のテーブルをつくっておき，メモリアクセスの速いところに保存しておくことを勧める．

定義域が $-\infty$ から $+\infty$ の任意の確率分布 $p(s)$ の分布関数は，

$$F(v) = \int_{-\infty}^{v} p(s)\mathrm{d}s \tag{7.12}$$

で定義される．F の性質として，単調増加関数で，

$$F(-\infty) = 0, \quad F(+\infty) = 1 \tag{7.13}$$

となる．この関数の逆関数，$v = F^{-1}(u)$，を求める．定義より F^{-1} の定義域は $[0,1]$，値域は $(-\infty,+\infty)$ である．このとき，u を一様乱数から生成すれば，$v = F^{-1}(u)$ によって得られた v は確率分布 $p(v)$ に従う乱数となる．このようにして乱数を得る方法を，**逆関数法**と呼ぶ．
したがって，逆関数 F^{-1} が解析的に求まれば，逆関数法が使える．コーシー分布のときは逆関数法が使えるが，一般には解析的に求まることはほとんどないため，本書で説明したように数値的に実現せざるを得ない．しかしながら，分割数を多くしておけば実質的に問題となることはほとんどない．

数値的逆関数法で利用する経験分布関数の作成法を図 7.2（p.84）で説明する．まず，非常に細かい刻み幅（区間幅）で $p(v)$ を離散化する．たとえば，ガウス分布なら，標準偏差の $\pm 5\sigma$ ぐらいの範囲を 10^3〜10^5 等分する．裾が重い分布の代表的存在であるコーシー分布は，大きい確率値をとる領域がピークをとる付近

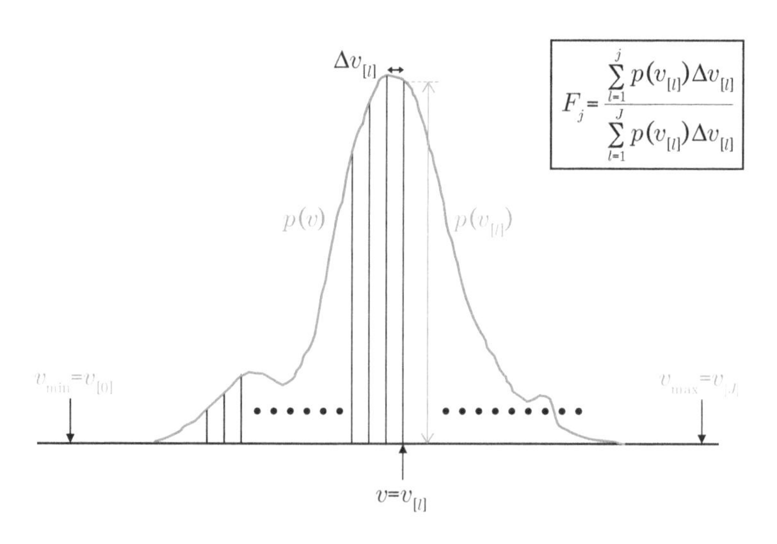

図 7.2　数値的逆関数法のもととなる分布の離散化

に集中していて，それからずれる領域では，ガウス分布と比較すると，ピークから遠くなるにしたがって“極端にゆっくり”と値が小さくなる．ガウス分布では確率値が指数的に減少するが，コーシー分布ではべき級数的に減少する．このような場合，$[v_{\min}, v_{\max}]$ を等間隔に分割すると，ピーク近辺が非常に粗く離散化されてしまう．極端な場合，ピーク付近の $p(v)$ が 1 本の棒で近似されてしまう．ピーク付近の領域では，区間幅 $\Delta v_{[l]}$ を非常に細かくとってやる必要がある．

$p(v)$ の離散化の次は，各分割位置 $v_{[l]}$ で確率分布 $p(v)$ の値を計算し，経験分布関数 F_j（式 (7.9)（p.82））を求める．その後は，図 7.1（p.82）で説明した方法と同じく，まず一様乱数 u を求め，式 (7.10)（p.83）の逆関数を用いて v を得る．

第 3.3 節で多次元ノイズ分布のモデル化に少々言及した．第 7.2.2 項でも説明するスカラーのガウス乱数から，共分散行列 Q_t をもつ多次元ガウス分布に従うノイズベクトルの発生法について考えてみる．Q_t が対角行列の場合は説明を待たないであろう．Q_t が一般の場合でも，Q_t をコレスキー分解さえしておけば，スカラーのガウス乱数をシステムノイズの次元数個使って，多次元ガウスノイズ乱数を容易に発生できる．コレスキー分解については線形代数の教科書や数値計算の基礎的な教科書を参考にしてほしい．

7.2.2 ガウス乱数の生成法

ガウス分布 $N(0,1)$ に従う乱数の生成法についても解説しておく．一様乱数からのガウス乱数の生成法としては，**Box-Muller** 法と **Marsaglia** 法の 2 つが代表的である．ここでは前者のみ説明する．2 つの一様乱数 u_1, u_2 を得た後，次で定義する 2 つの z_1, z_2 をつくる．

$$
\begin{aligned}
&u_1, u_2 \sim U(0,1), \\
&z_1 = \sqrt{-2\log u_1}\cos(2\pi u_2), \quad z_2 = \sqrt{-2\log u_1}\sin(2\pi u_2).
\end{aligned} \tag{7.14}
$$

すると，z_1, z_2 はともにガウス分布 $N(0,1)$ に従う．この変換法はどの確率の本にも必ず載っているうえ，確率変数の変換の勉強にもなるので，ぜひ確認しておいてほしい．**中心極限定理**を利用した便宜的な生成法として，一様乱数を 10〜100 個ほど得た後，それらの平均値で求めるやり方もある．ただし，この方法はあまり効率がよくない．実用上は，前項で説明した，数値的逆関数法で十分である．$\pm 5\sigma$ の定義域を 10 万（$=10^5$）個程度に分割し，非常に細かい区間幅 $\Delta v_{[l]}$ でガウス分布をヒストグラム近似しておく．

数値的逆関数法があれば，測定ノイズの分布は「何分布？」などと考える必要がない．たとえば，同じ対象の変動を多数回測定したら，その測定値からまずはヒストグラムをつくり，次に各ビンに入った個数を全体の測定数で割って規格化する．この規格化されたヒストグラムそのものを使って経験分布関数をつくれば，あとは数値的逆関数法でもって，リアルなシステムノイズを得ることが容易にできる．実際上は，ヒストグラムを若干滑らかにするなど，少々整形して利用したほうがよい．第 11 章で出てくるロボットの制御への粒子フィルタの応用時も同じことを行っている．

観測ノイズの分布形も解析的な分布形を想定するかわりに直接，測定データからヒストグラムを構成するのがよい．たとえば，赤外線センサーで自分のいる位置から壁や障害物までの距離を測る状況を想定しよう．たまたま，予想外にドアが開いていたり，隙間があいていたりすると，壁の位置は近いのにセンサーの値からは壁まで遠いと判定されてしまう．このような，予想外の状況にもある程度適切に対応できることが，特にロボットの制御では求められる．そういうときにでも，いろいろな場所，状況で実際に距離を測りヒストグラムをつくり，想定される異常事態を確率分布でのはずれ値（異常値）としてとり扱えばよい．このヒストグラムをそのまま観測モデルとして使えば十分である．どんなシステムノイズや観測ノイズの分布形がよいか不明のときは，まずは測定し，パターンで分布を構成してみよう．

7.3… 賢いリサンプリング

第 7.1 節で解説したリサンプリングは，式 (7.4)（p.81）の操作で毎回一様乱数が必要となるので，結果として N 個の一様乱数を用意せねばならなかった．今から説明する方法はたった 1 個の一様乱数を得るだけでリサンプリングを可能とする．要は，100 個の粒子をとり扱う粒子フィルタの場合，100 回ルーレットを回すかわりに，1 回だけルーレットを回す，省エネの方法を紹介する．

まずは図 7.3 を見てほしい．100 個粒子がほしかったら $[0,1]$ を 100 等分した，図にあるような 100 本矢印があるクシを用意しておく．次に乱数を $(0,0.01]$ の範囲で発生する．粒子を N 個発生したければ，乱数を $(0,1/N]$ の範囲内で発生する．この乱数値分の高さに一番下の矢印の高さを合わせ，100 本の矢印を右に伸ばし，その矢印が経験分布関数にぶつかったところの粒子を一気にもってくるのである．

図 6.3（p.76）で使ったルーレット盤の例だと，この方式は，図 7.4（p.87）に示したような特殊なルーレット盤を使うことに相当する．等間隔に N 本の矢印をつける．ぐるぐる回して，矢印が止まったところの番号を，フィルタ粒子のインデックスとして採用する．そうすると N 個の粒子が 1 回の回転で得られる．

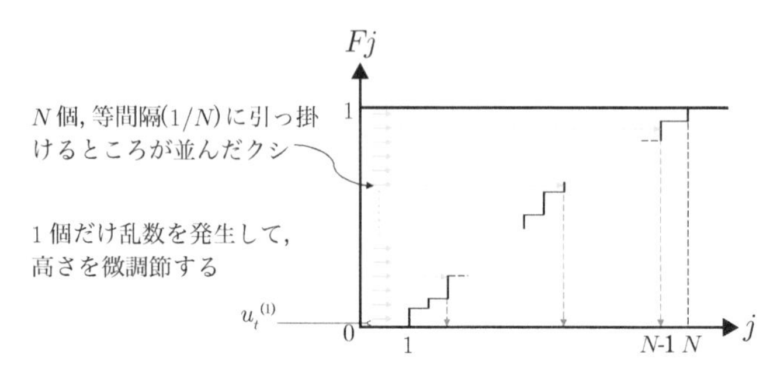

図 7.3　経験分布関数とクシ形リサンプリング

等間幅(1/N)ごとに矢印のついた
ルーレットを1回だけ回す

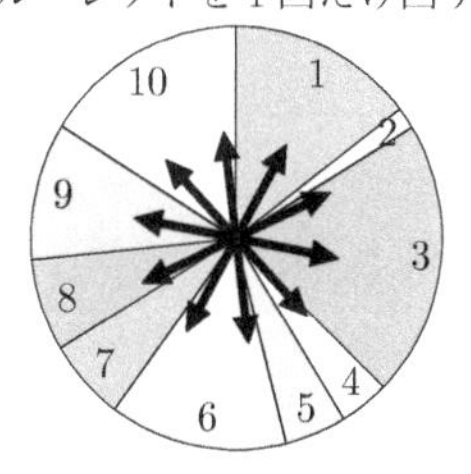

図 7.4　相対的重み $\tilde{w}_t^{(i)}$ に従うリサンプリング（改良版）

クシにしても，この特殊なルーレット盤にしても，やっていることを数式で書くと同じである．行っている操作を数式で説明する．$\tilde{w}_t^{(i)}$ の総和が 1 であったので，まず粒子数 N を掛けて，$N\tilde{w}_t^{(i)}$ の整数部分

$$n_t^{(i)} = \lfloor N\tilde{w}_t^{(i)} \rfloor \tag{7.15}$$

を先どりする．たとえば，実際 $N\tilde{w}_t^{(i)}$ が 3.56 だったとしたら，まずはその粒子を 3 個，フィルタ粒子として予約するのである．0.89 だったら，残念ながら予約数は 0 個となる．1.999 でも 1 個，一方 2.003 だったら 2 個先どりする．そのようにして予約された個数を N 個から引いた残数を計算する．

$$N' = N - \sum_{i=1}^{N} n_t^{(i)}. \tag{7.16}$$

同時に，重みも

$$\tilde{w}_t'^{(i)} = \tilde{w}_t^{(i)} - \frac{n_t^{(i)}}{N} \tag{7.17}$$

で修正し，この重みで N' 個，粒子 $\boldsymbol{x}_{t|t-1}^{(i)}$ をリサンプリングによって得る．以下のように，この両辺に N を掛けてみれば，更新された重みの意味がよくわかる．

$$N\tilde{w}_t'^{(i)} = N\tilde{w}_t^{(i)} - n_t^{(i)}. \tag{7.18}$$

$N\tilde{w}_t^{(i)} = 0.9998$ と $N\tilde{w}_t^{(i)} = 0.000001$ だったら両方とも先どり数 $n_t^{(i)}$ は 0 になってしまうが，0.9998 のほうを優先的に残したいと思うのも，ある意味自然である．そういう場合には，$\tilde{w}_t'^{(i)}$ を大きい順番に並び替えて（ソーティングと呼ばれる），大きいほうから N' 個とってくる．統計的にはバイアスを生むので適切でないが，その点を逆に利用し活用しているのが進化型計算である．ただしソーティングは一般に計算時間のかかる処理であるので避けたい．

7.4… 粒子フィルタの実装例

この章の最後に，粒子フィルタの実データへの適用例を図 7.5 （p.89）に示す．説明をシンプルにするために，粒子数 $N = 5$，データ数 $T = 100$ とした．データ $y_{1:100}$ としては，図 7.6 （p.90）に示したように，-1.5〜1.5 の範囲をとる時系列を想定する．これに 1 階差分トレンドモデルを適用し，フィルタ推定値を粒子フィルタで得てみよう．1 階差分のトレンドモデルは

$$x_t = x_{t-1} + v_t, \qquad v_t \sim N(0, \alpha^2\sigma^2), \tag{7.19}$$

$$y_t = x_t + w_t, \qquad w_t \sim N(0, \sigma^2). \tag{7.20}$$

時刻 t のトレンド成分は，時刻 $t-1$ のトレンド x_{t-1} にシステムノイズ v_t を足したもの．時刻 t の観測は，時刻 t のトレンド x_t に観測ノイズ w_t を加えたもの．システムモデルも観測モデルも線形であり，システムノイズと観測ノイズはともにガウス分布に従うので，これは線形ガウス状態空間モデルである．したがって，これは簡単にカルマンフィルタで解けるが，粒子フィルタのアルゴリズム理解のためにここでとり扱う．

1 階差分トレンドモデルのカルマンフィルタアルゴリズムは，カルマンゲイン，共分散行列を含めて，出てくる量が全部スカラーになる．他書のカルマンフィルタの解説を参考にしながら，粒子フィルタの結果を吟味するのは非常に勉強になるので，必ず自分でプログラミングしてもらいたい．

粒子フィルタを適用する前に，統計モデルを固定するためパラメータの値を与える．パラメータは，観測ノイズの分散 σ^2 と，システムノイズの対 σ^2 比の α^2 である．第 1.2 節でも説明したが，トレンドの推定においては，α^2 が重要な役割を果たす．(σ^2, α^2) は，以下のような組み合わせとする．

$$\sigma^2 = 2^a \quad (a = -8, -7, \ldots, 1), \tag{7.21}$$

$$\alpha^2 = 10^b \quad (b = -5, -4, \ldots, 4, 5). \tag{7.22}$$

粒子数：$N=5$　データ数：$T=100$

$\sigma^2=2^a(a=-8,-7,\cdots,1)$

$\alpha^2=10^b(b=-5,-4,\cdots,4,5)$　　パラメータ最適化ルーチン

for $(\sigma^2, \alpha^2)=(2^{-2},10^{-1})$　　パラメータの値固定ルーチン

　初期分布：$X_{0|0}=\{x_{0|0}^{(1)}, x_{0|0}^{(2)},\cdots,x_{0|0}^{(5)}\}\sim N(1,0)$

　for $t=1,\cdots,100$　　時間更新ルーチン

　　for $i=1,\cdots,5$　　粒子ごとに計算するルーチン

　　　$v_1^{(i)}\sim N(0,\alpha^2\sigma^2=10^{-1}\times 2^{-2})$ を得る

　　　$x_{1|0}^{(i)}=x_{0|0}^{(i)}+v_1^{(i)}$ を計算　　（各粒子の各時刻データへの尤度）

　　　$p(y_1|x_{1|0}^{(i)})=w_1^{(i)}=\dfrac{1}{\sqrt{2\pi\cdot 2^{-2}}}\exp\left\{-\dfrac{\left(y_1-x_{1|0}^{(i)}\right)^2}{2\cdot 2^{-2}}\right\}$ を計算 $(\sigma^2=2^{-2})$

　　$p(y_1|y_{1:0})=\dfrac{1}{5}\sum_{i=1}^{5}w_1^{(i)}$　（各時刻尤度の計算）

　　$X_{1|0}=\left\{x_{1|0}^{(i)}\right\}_{i=1}^{5}$ を相対的重み $w_1^{(i)}$ でリサンプリング $\Rightarrow X_{1|1}=\left\{x_{1|1}^{(i)}\right\}_{i=1}^{5}$ を得る

　$\ell(\sigma^2, \alpha^2)=\ell(2^{-2},10^{-1})=\sum_{t=1}^{100}\log p(y_t|y_{1:t-1})$　（対数尤度の計算）

$\ell(\sigma^2, \alpha^2)$ を最大にする (σ^2, α^2) をベストなものとして選択する

図 7.5　粒子フィルタの実例

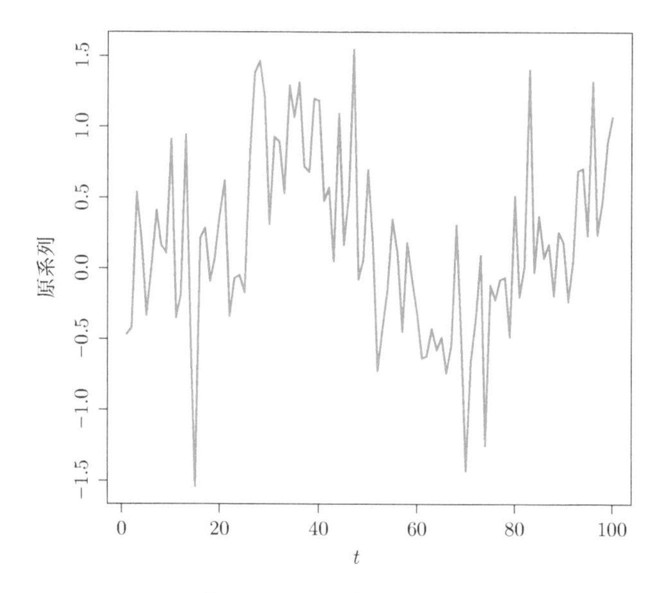

図 7.6　粒子フィルタを適用する時系列データ

σ^2 としては 2 の整数べき乗の値のみをとり得るものとする．与えるデータにもよるが，分散は $2^{-8} = 1/256$ から $2^1 = 2$ ぐらいまでを試してみる．α^2 については，10^{-5} くらいから 10^5 まで，比較的いろいろなものを試してみる．小文字の a, b の組み合わせでパラメータの組 (σ^2, α^2) が決まる．

$(a = -2, b = -1) \equiv (\sigma^2 = 2^{-2}, \alpha^2 = 10^{-1})$ を与えるとシステムノイズ・観測ノイズの形が決まる．決まっていないのが初期分布であるが，最初から決め打ちでガウス分布 $N(0, 1)$ を与えることにする．よって，$X_{0|0}$ を得る．

$$X_{0|0} = \left\{x_{0|0}^{(1)}, x_{0|0}^{(2)}, \ldots, x_{0|0}^{(5)}\right\} \sim N(0, 1). \tag{7.23}$$

初期値に関しては，ある程度分散を大きくとっておくべきである．システムノイズが入ると，最初に点で与えても（分散を極端に小さくしても）粒子は広がっていくが，最初から何も多様性を減らす必要はない．

これで緑の四角の計算ルーチンの説明まで終えられたので，次に 1 つ内側の四角の計算ルーチンにすすむ．for 文が二重になっている．ピンク色が粒子，黄色が時間更新のループである．まずは，時刻 $t = 1$，さらに 1 番目の粒子に対する操作である．時間更新ルーチンの四角の中には，$t = 1$ の例が示してある．ガウス分布からシステムノイズを 1 個生成する．

$$v_1^{(1)} \sim N(0, \alpha^2\sigma^2 = 10^{-1} \times 2^{-2}). \tag{7.24}$$

ガウスノイズについては，標準形の $N(0,1)$ の乱数が得られれば，その値に σ 倍のスケール変換をするだけで所望の乱数 $N(0,\sigma^2)$ が得られる．システムノイズを得たら，時刻 $t=0$ のフィルタ粒子 $x_{0|0}^{(1)}$ にそのシステムノイズを加えて，時刻 $t=1$ の予測粒子をつくる．

$$x_{1|0}^{(1)} = x_{0|0}^{(1)} + v_1^{(1)}. \tag{7.25}$$

予測粒子ができたら，そのデータへの適合度を計算する．すでに分散 $\sigma^2 = 2^{-2}$ が与えられているので観測モデルの分布形は固定され，実際に適合度の数値が得られる．

$$p\left(y_1 \left| x_{1|0}^{(1)}\right.\right) = w_1^{(1)} = \frac{1}{\sqrt{2\pi \cdot 2^{-2}}} \exp\left\{-\frac{\left(y_1 - x_{1|0}^{(1)}\right)^2}{2 \cdot 2^{-2}}\right\}. \tag{7.26}$$

残りの粒子 $i = 2, \ldots, 5$ についても同様に計算する．

$$v_1^{(i)} \sim N(0, \alpha^2\sigma^2 = 10^{-1} \times 2^{-2}), \tag{7.27}$$

$$x_{1|0}^{(i)} = x_{0|0}^{(i)} + v_1^{(i)}, \tag{7.28}$$

$$p\left(y_1 \left| x_{1|0}^{(i)}\right.\right) = w_1^{(i)} = \frac{1}{\sqrt{2\pi \cdot 2^{-2}}} \exp\left\{-\frac{\left(y_1 - x_{1|0}^{(i)}\right)^2}{2 \cdot 2^{-2}}\right\}. \tag{7.29}$$

全部の粒子（$N=5$）について重みを計算し終えたら，その重みの平均値

$$p(y_1|y_{1:0} = \phi) = \frac{1}{5}\sum_{i=1}^{5} w_1^{(i)}$$

を計算する．この値が各時刻ごとの 1 期先予測確率（式 (6.31)（p.74））となる．重みの総和で規格化した相対的重み $\tilde{w}_t^{(i)}$ もあわせて計算する．$X_{1|0} = \{x_{1|0}^{(i)}\}_{i=1}^5$ を相対的重み $\tilde{w}_1^{(i)}$ でリサンプリングして新しい粒子 $X_{1|1} = \{x_{1|1}^{(i)}\}_{i=1}^5$ を得る．これで時刻 $t=1$ での予測とフィルタリングの操作は終わりである．次の時刻 $t=2$ についてまた同じことを繰り返し，データ点数の $t=100$ までまったく同

じ作業を繰り返す．

最後に対数尤度の計算（式 (6.32)（p.74））を行う．パラメータ ($\sigma^2 = 2^{-2}$, $\alpha^2 = 10^{-1}$) に対する対数尤度は，ループの中で計算された 1 期先予測確率 $p(y_t|y_{1:t-1})$ の対数の和になる．

$$\ell(\sigma^2, \alpha^2) = \ell(2^{-2}, 10^{-1}) = \sum_{t=1}^{100} \log p(y_t|y_{1:t-1}). \tag{7.30}$$

同様にして，最初に用意した (σ^2, α^2) の組み合わせすべてに対して対数尤度の値を計算する．経験ベイズ法であれば，対数尤度を最大にするパラメータをベストなものとして 1 つ選択する．選択されたパラメータ値を用いて，固定ラグ平滑化アルゴリズムを適用する．

最適なパラメータ値を求めるには最尤法を用いればよいが，最尤法を機械的にあてはめ最適値を得るだけで満足してはいけない．データとモデルの組が与えられれば，尤度の値がよさそうなパラメータ値に最初からあたりをつけられるぐらいの "匠の技" を習得してほしい．状態空間モデルの σ^2 は観測ノイズの分散なので，推定された値が非常に小さくなる状況は不自然である．また，σ^2 の空間を離散化して直接法を使う場合，線形にある範囲を細かく等分割するよりも，対数をとった空間，つまり $\log_2 \sigma^2$ の空間で等分割（たとえば，10 分割程度）するべきである．また，対数尤度を最大化するように σ^2 を細かく離散化して最適値を求めてもあまり意味はない．というのも，たいていわれわれが興味あるのは，上記の例だと，トレンドの推定値 $x_{t|\cdot}$ であり，その値は σ^2 には鈍感であるためである．
もう一つの α^2 というのはシステムノイズと観測ノイズの分散の比であった．これも直接法でもって最適化するときは，線形空間で等分割せず，$\log_{10} \alpha^2$ の空間で等分割するのがよい．もちろん σ^2 のとき同様，2 のべき乗で細かく刻んでもよいが，やはり $x_{t|\cdot}$ の推定値が α^2 の値に敏感ではない．極端に値を変えないと推定値が変化しないうえ，σ^2 と違って直感が利かない部分も大きいため，思い切って広い範囲内で探索すべきである．対数の底を 10 にした理由は，単に値が記憶に残りやすいようにしたかっただけである．

〈実践編〉

第8章

時系列解析の基本：傾向をつかむ

8.1 … 定常と非定常：非定常の特徴を目で確認する

8.1.1 生データの確認

これまで時系列データに対する基本的なモデリングと計算手法の解説を行ってきた．読者は，手元にあるデータに対して，すぐにでも予測のためのモデリングに取り組み，粒子フィルタを適用したいと考えているはずである．ここまで紹介したいくつかの事例と似たタイプのデータや同じ解析目的であれば，モデリングの指針は立てやすいであろう．しかしながら実際のデータ解析の場面では，初見のデータに対し，どのようにモデリングを行っていったらよいかの方針は自明ではない．モデリングの作業を開始する前には，試行錯誤的な分析が必ず必要になる．よって本章では，少し立ち止まり，初歩的な分析プロセスの一例の紹介と，分析作業を理解する上で必須となる時系列解析の基礎的な概念，特に，定常性の概念を解説する．あわせて，時系列解析の教科書でよくとり扱われる用語やモデルを概説する．

定常性の性質をもつ確率過程は，その数理的基盤が整理されており，時系列解析に関する教科書では，定常性の解説からはじまるものも多い．やや乱暴であるが定常性をわかりやすく説明すれば，時系列データの局所的な平均値や分散など，データを特徴づける量が時間に依存しない性質である．一方，それらが時間に依存する時系列データを非定常時系列データと呼ぶ．局所的とはデータ全体に対して定義される相対的な時間幅なので，一概にその値を示すことはできないが，データ数で 2, 3 点程度の短いものから，解析区間全体の数パーセント程度までの幅になる．

定常性をある基準でもって十分満たす時系列データであれば，定常時系列データ向きのツールを活用した詳細な分析が可能である．残念ながら，非定常時系列データに対してそれらのツールを適用したとしても，得られる分析結果は，非定常な平均値や分散の性質に大きく影響されてしまう．たとえば，後述するパワースペクトルは，時系列データに含まれるサイン波的な振動現象を把握するのに適したツールである．もし，第1章で定義した各データ点の平均値を表すトレンド成分が一直線であり，その傾きがデータセットごとに異なったならば，振動現象の周期をパワースペクトルから見いだすことは困難になる．ただしこの場合でも，トレンド成分を適切に見積もり，その傾向をデータから除去できたならば，パワースペクトルを有効活用できる．

具体的な事例として，東京都における1875年から2020年までの日平均気温を年平均した年別データをとり上げ，上述したことを確認していく．データは気象庁のサイトから得たものである[1]．1875年から数えて t 年目のデータを y_t と表記する．ソースデータには1875年の値も入っているが，計測手法の違いによるためか異常値に見えるため，以下に示すデータには含めていない．したがって，データ数は $T = 145$ である．

時系列解析の最初のステップは，グラフを用いて時系列データの特性を目で確認することである．y_t $(t = 1, \ldots, T)$ を図 8.1 （p.96）に示す．一見しただけでも年平均気温はゆるやかに上昇の一途をたどっていることがわかる．いい換えれば，トレンド成分が明らかに増加の傾向を示しているといえる．一方，トレンド成分周りのばらつきには，経年変化はあまりないように見てとれる．

以下で定義される y_t の標本分散を計算する．

$$\hat{\sigma}_y^2 = \frac{1}{T}\sum_{t=1}^{T}(y_t - \hat{\mu}_y)^2. \tag{8.1}$$

ここで，$\hat{\mu}_y$ は y_t の標本平均，つまり $y_{1:T}$ の平均値である．本データの場合，$\hat{\mu}_y = 14.9$ である．また，標本分散の平方根を標準偏差と呼ぶ．本データでは，$\hat{\sigma}_y = 1.13$ である．

なお，時系列データがビッグデータになると，全体を1つのグラフに表示することが計算機の処理能力から難しくなる．また，データを間引いてグラフに示す

---

1 https://www.data.jma.go.jp/obd/stats/etrn/view/annually_s.php?prec_no=44&block_no=47662&year=&month=&day=&view=data.jma.go.jp

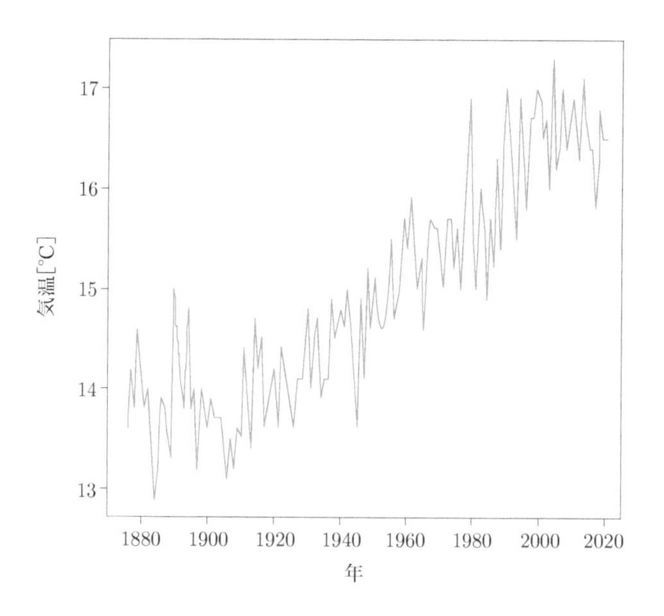

図 8.1　東京都の年平均気温のデータ

と，局所的な特徴が見えづらくなる場合も多い．そのようなときは，データを分割して少しずつ描画するか，あるいは一定区間の連続した時系列データを 1 つのブロックとし，全体からブロックをランダムに抽出し，ブロックの時系列データを描画する作業を多数回行うとよい．

8.1.2　時系列の記述特徴量 1：標本自己相関関数

$\hat{\mu}_y$ はデータ全体を記述する特徴量の一つである．データを複数のブロックに分割し，そのブロック内のデータの標本平均が一定であれば，$\hat{\mu}_y$ は，データの構造を的確に表した 1 つの量になる．図 8.1 で確認したように，データの最初の部分の平均値と最後の部分の平均値は明らかに異なる．たとえば，$y_{1:20}$ の標本平均は 13.9 であるが，$y_{126:145}$ の標本平均は 16.6 である．今仮に，y_t $(t = 1, \ldots, 20)$ が互いに独立でかつ同一の分布 $p_a(y_t)$ に従うとする．データが互いに独立でかつ同一の分布に従う時系列を，independently and identically distributed 系列の略で *i.i.d* 系列と表記する．また，y_t $(t = 126, \ldots, 145)$ を $p_b(y_t)$ に従う *i.i.d.* 系列とする．この仮定のもとで，2 つの期間の標本平均が大きく異なることは，$p_a(y_t) \neq p_b(y_t)$ であることを示唆している．この *i.i.d.* 系列の概念を拡張し，

$p(y_{t:t+\ell})$ が任意の t と ℓ に対して同一となる性質を，**強定常性**と呼ぶ．$\ell=0$ の特殊なケースが *i.i.d.* 系列になる．時間によらず平均値・分散が一定であるような時系列データは，強定常性をもつ可能性がある．すでに y_t の平均値は時間に依存していることをグラフで確認したので，y_t は強定常性を満たさないことになる．

式 (8.1)（p.95）の標本分散を拡張し，t より ℓ 個前の時系列データ $y_{t-\ell}$ との共分散

$$\phi(\ell)=\frac{1}{T-\ell}\sum_{t=1+\ell}^{T}(y_t-\hat{\mu}_y)\cdot(y_{t-\ell}-\hat{\mu}_y) \tag{8.2}$$

を**標本自己共分散**という．このさかのぼるデータ数 ℓ，あるいは実際の時間幅のことをラグと呼ぶ．定義式より $\phi(\ell)=\phi(-\ell)$ である．この $\phi(\ell)$ を分散 $\hat{\sigma}_y^2$ で割った関数 $\rho(\ell)\equiv\phi(\ell)/\hat{\sigma}_y^2$ を標本自己相関関数と呼ぶ．時間に依存しない性質は強定常ほど強くないが，最低限，平均値，分散，そしてこの自己相関関数が時間に依存しない時系列の性質を**弱定常性**と呼ぶ．また，弱定常性をも満たさない時系列データを，非定常時系列と呼ぶ．特に，平均値がゼロで，$\rho(\ell)$ が $\ell=0$ で 1，それ以外ですべてゼロとなるような *i.i.d.* 系列を**ホワイトノイズ**と呼ぶ．

時系列データが強定常性をもつことは，時間に依存した性質がないことを意味するため，そのデータを時系列解析手法を用いて分析したりモデリングしたりする状況は通常はない．したがって，時系列解析の次のステップは，弱定常性の確認になる．すでに y_t の平均値は時間に依存しているため，y_t は弱定常性さえも満たさない非定常時系列データになる．具体的に自己相関関数を計算し，図 8.2（p.98）に示す[2]．ラグ $\ell=0$ で最大値 1 をとり，ラグが増えるほどゆっくりとほぼ単調に自己相関の値が減少していることが見てとれる．このような特徴は，トレンド成分が明らかに存在し，それ以外には，大きな振幅値をもつサイン波などの卓越した成分がない，時系列データに典型的に見られる．

標本自己相関関数の定義より，y_t と y_{t-1} に大きな相関があれば，当然 y_t は y_{t-2} とも大きな相関をもつ．本データもそのようになっている．では，y_t の y_{t-1} との相関を排除しつつ，y_t がどの程度 y_{t-2} と相関しているかを測る量はないのであろうか？ それが，偏自己相関関数と呼ばれるものになる．本書のね

2　R の関数 acf で計算した結果である．

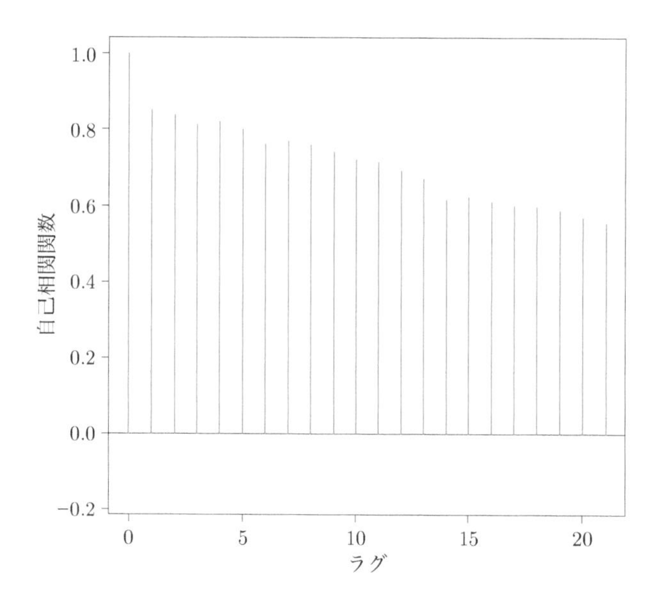

図 8.2　年平均気温のデータの自己相関関数

らいは，非定常時系列データのモデリングにあるので，偏自己相関関数の具体的な定義式の説明は定常時系列の解説本に委ねるが，基本的原理を理解することは難しくない．同じ考えで実現されている計算手法は，多変量解析での主成分分析の逐次射影による解法や，線形ガウス状態空間モデルの推定でのカルマンフィルタの逐次更新式になる．

8.1.3　時系列の記述特徴量 2：パワースペクトル

パワースペクトルは時系列データを波成分の和（サイン波とコサイン波の線形和）として理解するツールである．その計算は，時系列データをオリジナルの時間空間から周波数空間に座標変換し，各周波数に対応する波成分の強さを周波数の関数として表す．周波数が離散点の上で定義されたパワースペクトルを線スペクトル，また連続変数の上で定義されたものを連続スペクトルと呼ぶ．数学的には，連続スペクトルはスペクトル密度と呼ぶのが適切である．統計学でいえば，線スペクトルとスペクトル密度の関係は，確率質量関数と確率密度関数の関係に相当する．

データが，データ点で数えて τ の周期のサイン波だけで構成されていれば，そのパワースペクトルは $f = 1/\tau$ の周波数の成分だけ値をとり，あとの成分はゼロとなる．たとえば，音叉で発生した音がそうである．同じ音の高さでも楽器によって音色が異なるように，実際の時系列データは多くの周波数成分をもつ．パワースペクトルにより顕著なピークを示す周波数成分が確認できれば，パワースペクトルは時系列データの特徴量の一つになる．

時系列データが弱定常であれば，自己共分散関数のフーリエ変換は時系列のパワースペクトルになる．このことは弱定常時系列の重要な理論の一つである，ウィーナー–ヒンチンの定理によって示される．標本自己共分散関数の離散フーリエ変換はピリオドグラムと特別に呼ばれている．各周波数 $f_j = j/T$ $(j = -T/2, \ldots, T/2)$ でのピリオドグラムは以下で求まる．

$$P_j = \sum_{\ell=-T+1}^{T-1} \phi(\ell) \exp(-2\pi i \ell f_j) = \phi(0) + 2\sum_{\ell=1}^{T-1} \phi(\ell) \cos(-2\pi \ell f_j). \tag{8.3}$$

ここで，$\phi(\ell)$ が偶関数であること（$\phi(\ell) = \phi(-\ell)$）を使っている．また，i は虚数単位を示すことに注意．図 8.3（p.100）に，年平均気温の年別データ y_t のピリオドグラムを示す[3]．低い周波数成分が高い周波数成分と比較して大きい値をもっていることが示されている．

パワースペクトルの求め方は多数存在し，本書ですべてをカバーすることはできないため，代表的なものをいくつか簡単に紹介する．まず，時系列データを以下のように離散フーリエ変換する．各周波数 $f_j = j/T$ のフーリエ級数 U_j は，

$$\begin{aligned} U_j &= \sum_{t=1}^{T} y_t \exp\{-2\pi i\ (t-1) f_j\} \\ &= \sum_{t=1}^{T} y_t \cos\{2\pi (t-1) f_j\} - i \sum_{t=1}^{T} y_t \sin\{2\pi (t-1) f_j\} \\ &\equiv u_{c,j} - i\ u_{s,j} \quad (j = 0, \ldots, \frac{T}{2}) \end{aligned} \tag{8.4}$$

となる．ここでも，i は虚数単位を示すことに注意．各周波数のフーリエ係数 $u_{c,j}$

3　北川 (2020) に示された，R のパッケージ TSSS の関数，`period` で計算した結果である．

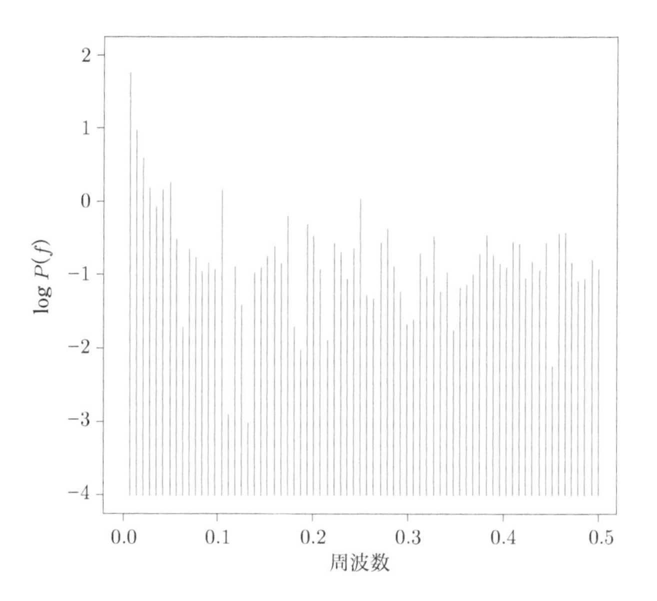

図 8.3 年平均気温のデータのピリオドグラム

と $u_{s,j}$ を用いて，パワースペクトルが以下で定まる．

$$P_j = \frac{|U_j|^2}{T} = \frac{u_{c,j}^2 + u_{s,j}^2}{T} \tag{8.5}$$

FFT は Fast Fourier Transform の略で，離散フーリエ変換を高速に実行するアルゴリズムであるが，離散フーリエ変換を通してパワースペクトルを求める代名詞のように使われている．図 8.4 (p.101) に，FFT により求めた y_t のパワースペクトルを示す[4]．図 8.3 同様に，低い周波数成分が卓越していることが示されている．なお，すべての周波数にわたって一定の値が加えられているように見えるのは，通常 FFT はデータ数が 2 のべき乗のデータセットをとり扱うため，データ数が 2 のべき乗となるよう，データセットの後ろにゼロの値の擬似的データを付加している影響である．

第 1 章で説明した AR モデル（式 (1.2) (p.4)）を通して，パワースペクトルを求めることも可能である．その場合，周波数 f でのパワースペクトルは以下になる．

4 R のパッケージ TSSS の関数，`fftper` で計算した結果である．

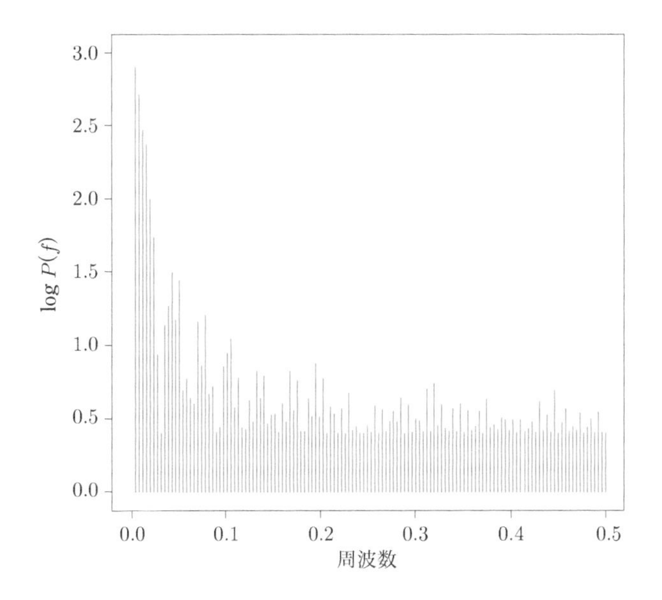

図 8.4　年平均気温のデータの FFT によるパワースペクトル

$$P(f) = \frac{\hat{\sigma}^2_{AR}}{\left|1 - \sum_{k=1}^{K} a_k \exp(-2\pi i k f)\right|^2} \qquad (0 \le f \le 1/2). \tag{8.6}$$

$\hat{\sigma}^2_{AR}$ は，K 次の AR モデルを時系列にあてはめた際の残差系列の標本分散である．i はここでも虚数単位，f は周波数を示す．ピリオドグラムや FFT によるパワースペクトルは $f_j = j/T$ の離散点でしかパワースペクトルが定義されなかったが，この場合の f は連続値をとることができる．よって $P(f)$ は，ピリオドグラムや FFT で求めたパワースペクトルと異なり，**パワースペクトル密度**になる．もし両者の値を比較する場合は，パワースペクトル密度を微少周波数区間 Δf で積分した量，$P(f)\Delta f$ と比較せねばならない．縦軸の値が違うのはそのためである．この計算結果を得るには，まず時系列データに K 次の AR モデルをあてはめ，自己回帰係数 $\{a_k\}_{k=1}^{K}$ を得る．データの表現に適した AR 次数をデータから求めるには，**情報量規準**と呼ばれる，時系列データの尤度に，あてはめるモデルの自由度を加味した評価関数を用いる．モデルの自由度とは，わかりやすくいえばモデルの複雑度，あるいはデータ表現に求められるモデルの柔軟度である．代表的なものとして，**赤池情報量規準**（Akaike Information Criterion, AIC）が

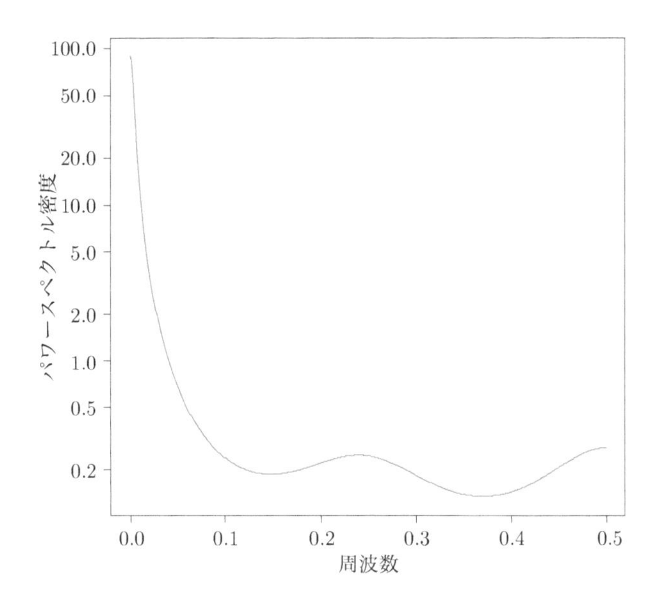

図 8.5　年平均気温のデータの AR モデルを使ったパワースペクトル

ある．AR モデルのあてはめ方は複数存在し，得られた $\{a_k\}_{k=1}^K$ にそれぞれ特徴がある．個別の説明に関しては自己回帰モデルに関する他書籍に委ねる．図 8.5 に，AR モデルを通して求めた y_t のパワースペクトルを示す[5]．図 8.3（p.100），図 8.4（p.101）同様に，低い周波数成分が卓越していることが示されている．このとき選択された AR 次数は 4 であった．

ピリオドグラムも，AR モデルによるパワースペクトルも，時系列データが定常でなくとも，計算上は得られる．しかし，非定常時系列データに対して求めたパワースペクトルは，定常時系列データのパワースペクトルのようにデータの構造を適切に代表する特徴量ではない．よって，あくまでもデータの特徴をつかまえる可視化の一手法としてとらえるべきである．FFT はデータの座標変換であるため，時系列データが定常であるかないかにかかわらず，単なる可視化として考えればよい．

5　R の関数 `spectrum` で計算した結果である．なお，縦軸の値は対数スケールで示されていることに注意．

8.2 … 定常化：原データにいろいろな操作を加える

8.2.1 差分オペレータ

図 8.1（p.96），図 8.2（p.98）および複数のパワースペクトルで確認したように，y_t にはトレンド成分が明らかに存在している．図 8.1（p.96）を見る限り，トレンド成分周りのばらつきには，経年変化はあまり見てとれない．したがって，y_t のトレンド成分を除去する，あるいは同等の効果をもたらす操作を時系列データに対して適用し，その結果を確認してみよう．たとえば，y_t が局所的に一定とすれば，隣接するデータの違いは，同一の分布に従うノイズ成分のように振る舞うはずである．隣接するデータの違いは，データの 1 階差分を見てみるとよい．第 1 章で説明したバックワードオペレータを用いて 1 階差分時系列データを表記すると，以下になる．

$$\Delta y_t = (1 - B)y_t = y_t - y_{t-1}. \tag{8.7}$$

この $(1 - B)$ で実現される操作を，1 階差分オペレータと呼ぶ．また，n_d 階差分時系列データは，以下に定める **n_d 階差分オペレータ**

$$\Delta^{n_d} = (1 - B)^{n_d} \tag{8.8}$$

を時系列データに作用させることで得られる．n_d は差分オペレータの階差を示す．たとえば，$n_d = 2$ の 2 階差分オペレータを時系列データに適用した結果は，

$$\Delta^2 y_t = (1 - B)^2 = (1 - 2B + B^2)y_t = y_t - 2y_{t-1} + y_{t-2} \tag{8.9}$$

となる．

y_t の 1 階差分時系列データを図 8.6（p.104）に示す．その標本平均値と標本標準偏差は，それぞれ $\hat{\mu}_{\Delta y} = 0.0201$ および $\hat{\sigma}_{\Delta y} = 0.594$ である．標本平均値 $\hat{\mu}_{\Delta y}$ を赤横線で，$\hat{\mu}_{\Delta y} \pm \hat{\sigma}_{\Delta y}$ の値を水色横線で示す．ちなみに中央値（メジアン）は -0.05 である．目で見る限り，平均値はデータ区間を通してほぼゼロ，分散も一定のようで，1 階差分の時系列データは弱定常時系列（さらにいえばホワイトノイズ）の可能性がある．次に，図 8.7（p.104）に示した Δy_t の標本自己相関関数を確認する[6]．ラグ $\ell = 1$ が -0.5 近くの値をとっていることから，Δy_t

6　R の関数 acf で計算した結果である．

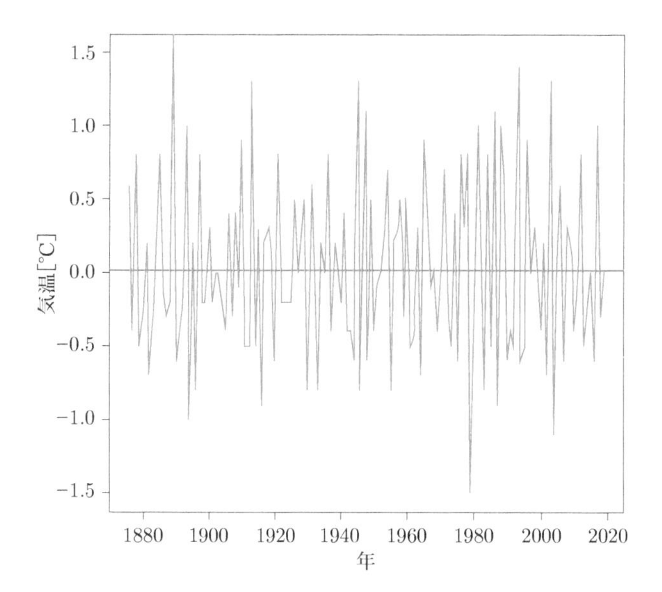

図 8.6　東京都の年平均気温の 1 階差分データ

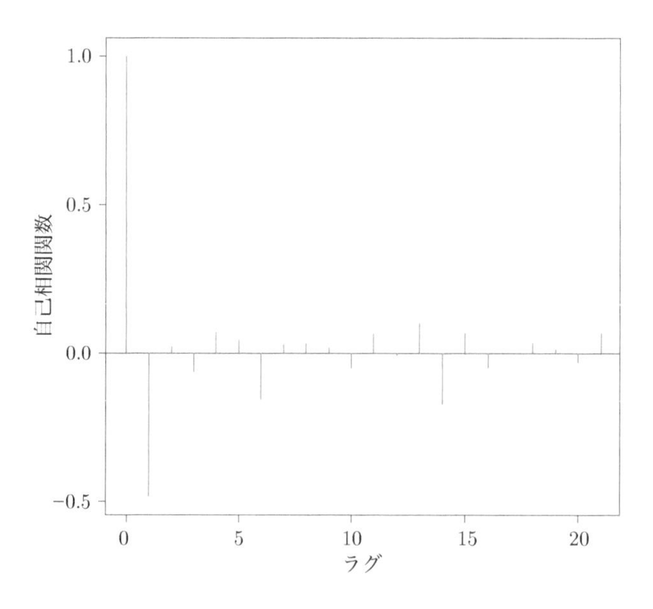

図 8.7　年平均気温の 1 階差分データの自己相関関数

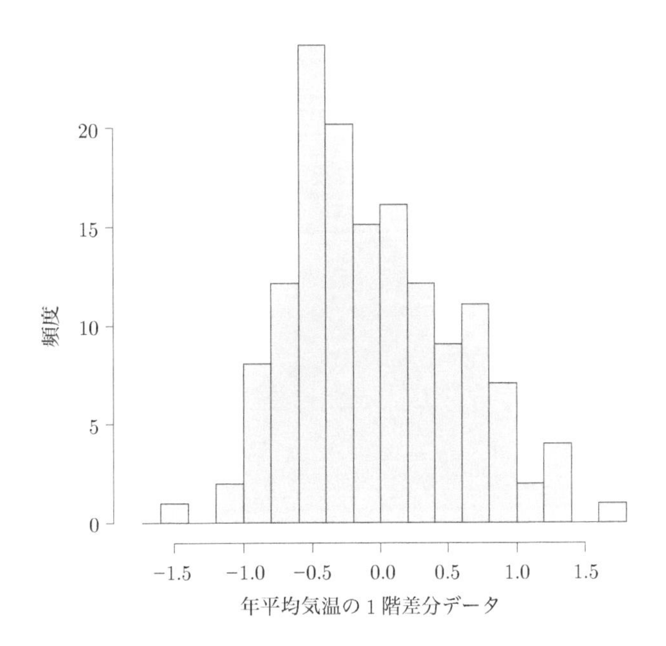

図 8.8　年平均気温の 1 階差分データのヒストグラム

のデータは，正（負）の値をとった次のデータは負（正）の値をとる傾向が強い，つまり標本平均のゼロ付近に戻る傾向があることを示し，Δy_t には顕著なトレンド成分がないことがわかる．

1 階差分により卓越したトレンド成分が除去できたことが自己相関関数から確認できたならば，時系列データのヒストグラムもあわせて確認すべきである．図 8.8 に 1 階差分時系列データのヒストグラムを示す．ビン幅は 0.2 とした．$\hat{\mu}_{\Delta y}$ が 0.0201 と小さいことを踏まえると，ヒストグラムが −0.5 あたりにピークを示していることから，分布型がガウス分布のように対称でないことがわかる．実際，分布の非対称性を測る歪度を計算すると，0.388 である．正の値であることから，分布が左に偏っている（右側の裾が重い）ことが確認できる．分布が正規分布に近いと歪度は 0 に近づく．よって，1 階差分の操作だけでは，ガウス分布的な対称な分布に従う系列にはならず，十分に定常化できていないことを示唆している．

n_d をいくつにするか，つまり何階差分をとれば時系列データは定常性を示すかが重要な問題として残る．この判断の助けになるのが，単位根検定である．単位根の値は，時系列データが定常か非定常かを見分ける指標である．もう少し具体的な解説は後述する．単位根検定では，単位根が存在するか否かを頼りに差分時系列が定常かどうかを判断する．単位根検定には，帰無仮説・対立仮説をどうとるかでもいくつかのバリエーションがあり，またそれぞれの理解には深い理論的考察が必要なため，それらを解説するのは本書の目的の枠外である．
検定の結果，非定常性が高いとわかれば，当然さらに差分をとるなりの改善が必要である．一方，定常とみなしても大丈夫であろうという結果が出たとしても，その操作で満足してはいけないことを注意しておく．あくまでも単位根検定は，定常性のチェック項目程度に考え，操作の改善，本書での主たる目的であるモデル改善を永続的に行うべきである．モデル改善の具体的なすすめ方については，次章に示すので，しっかりと体得してほしい．

8.2.2 季節差分オペレータ

もし，1 階差分，あるいは 2 階差分時系列データに周期 $L+1$ 程度の明瞭な成分が確認された場合は，季節差分オペレータを作用させ定常化できないかを模索する．なお季節差分オペレータの概念については第 1 章で解説した，たとえば，四半期データならば $L+1=4$ の，月別データならば $L+1=12$ の，日データなら $L+1=7$ の周期をもった成分がデータに顕著に表れることは多い．特に，経済活動に関連したデータならばこの現象は普通である．式 (1.14) （p.12）の季節差分オペレータを改めて示すと，

$$\Delta_{s,L+1}^{n_s} = (\sum_{\ell=0}^{L} B^{\ell})^{n_s} \tag{8.10}$$

となる．n_s は季節差分オペレータの階差が n_s であることを表し，季節差分オペレータを n_s 乗することで定義される．通常 n_s は $0, 1, 2$ である．なお，$n_s = 0$ では，季節差分オペレータを適用しないことになる．

8.2.3 変数変換

原データに季節成分が明瞭に存在しているときに，値が大きくなるにつれその

季節パターンの振れ幅（変動）が大きくなるデータをよく目にする．顕著な例をあげると，経済現象の時系列データがそうである．そのようなときは，原データの値の対数をとると，その振れ幅がほぼ一定になる場合が多い．さらには対数変換だけでなく，より一般化した変換である **Box-Cox 変換**を試してみるとよい．

$$
z_t = \begin{cases} \frac{y_t^{\lambda}-1}{\lambda}, & \text{for} \quad \lambda \neq 0 \\ \log y_t, & \text{for} \quad \lambda = 0 \end{cases}. \tag{8.11}
$$

データ変換に適切な λ の選択は，前述した AIC （p.101）により行うことができる．対数変換をしたデータが定常性を示しそうな原データの 1 階差分データの作成は，

$$
\frac{d(\log y_t)}{dt} = \frac{dy_t/dt}{y_t} \approx \frac{\Delta y_t}{y_t} = \frac{y_t - y_{t-1}}{y_t} \tag{8.12}
$$

で行う．この操作を**対数差分**と呼ぶ．

8.2.4 ARMA オペレータ

時系列データに AR モデルをあてはめること自体も，見方を変えれば，時系列データの定常化を行っているとみなせる．AR モデルの式 (1.2) （p.4）に残差項を入れて書き直し，整理すると，

$$
\begin{aligned}
y_t &= \sum_{k=1}^{K} a_k y_{t-k} + w_t \\
y_t - \sum_{k=1}^{K} a_k y_{t-k} &= w_t \\
\left(1 - \sum_{k=1}^{K} a_k B^k\right) y_t &= w_t \\
\Psi(B)\ y_t &= w_t
\end{aligned} \tag{8.13}
$$

ここで $1 - \sum_{k=1}^{K} a_k B^k = \Psi(B)$ とおいた．

最後の式から，左辺の $\Psi(B)$ を，時系列データ y_t を定常化するオペレータと考えることができる．

式 (8.8) （p.103），式 (8.10) （p.106），式 (8.14) をすべて組み合わせた，オペ

レータによる時系列データの定常化を式で表せば,

$$\left[\Psi(B) \cdot \Delta_{s,L+1}^{n_s} \cdot \Delta^{n_d}\right] \; y_t = w_t \tag{8.14}$$

となる.左辺の大括弧([ ])で示したオペレータを y_t に適用した結果としての w_t が十分な定常性を満たさない場合は,その過去の w_t の線形結合でもって w_t を表現することにより,より定常性の性質を満たすように工夫することもある.そのことを式で書けば,

$$\begin{aligned}\left[\Psi(B) \cdot \Delta_{s,L+1}^{n_s} \cdot \Delta^{n_d}\right] \; y_t &= \left[1 - \sum_{m=1}^{M} b_m B^m\right] w_t \\ &= \Phi(B) \; w_t.\end{aligned} \tag{8.15}$$

ここで $1 - \sum_{m=1}^{M} b_m B^m$ を $\Phi(B)$ とおいた.

この式の1行目の左辺の結果を ε_t と表して整理すると,右辺の $\Phi(B) \; w_t$ は

$$w_t = \sum_{m=1}^{M} b_m w_{t-m} + \varepsilon_t \tag{8.16}$$

と表せる.これは,w_t をその過去の残差項を用いた移動平均(Moving Average)によって表現していることになる.過去の残差項の移動平均で表すモデルを略して **MA モデル**と呼ぶ.MA モデルで表現される $\Phi(B)w_t$ は,通常,ガウス分布に従うノイズ系列 w_t の,現時点および有限個の過去の実現値の移動平均(線形結合)であるため,必ず定常になる.

以上で述べた手続きに従って非定常時系列データをオペレータにより定常化するアプローチは,Seasonal AR Integrated MA モデルの略称で,**SARIMA モデル**と呼ばれている.求めるパラメータは,メタなパラメータとして,差分オペレータの階差の n_d,季節差分オペレータの階差の n_s,そして AR モデルと MA モデルの次数である K と M である.それらが与えられると,AR モデルと MA モデルの係数 $\{a_k\}_{k=1}^{K}$, $\{b_m\}_{m=1}^{M}$ を定める非線形最適化の計算になる.

最適な SARIMA モデルを求めるためにかかる計算コストは,実はかなり大きい.まず,メタなパラメータを探索する必要がある.n_d はせいぜい,$0, 1, 2$ の3通り,n_s も同様の3通りで,総数9通りを考えればよい.ところが,K および M の最適な値はまったくわからず,通常,それぞれ $1 \sim 20$ の範囲で,すべ

ての場合を考える必要がある．そうすると，すでに $9 \times 20 \times 20 = 3,600$ のモデルを考慮に入れなくてはならない．そしてこの各モデルに対して，ARMA 係数 $\{a_k\}_{k=1}^{K}$ と $\{b_m\}_{m=1}^{M}$ を，非線形最適化によって求めなくてはならない．また，各非線形最適化にかかる計算コストも大きい．

SARIMA モデルを用いた時系列解析は，非定常時系列解析の代表的な手法である．無料で利用できる便利なパッケージも多数存在し，よい予測モデルを得ることが時系列解析の目的であれば，ブラックボックス的にパッケージを利用するメリットは大きい．しかしながらデメリットもある．一つは，上述したように，計算コストが思いのほか大きい点である．もう一つは，差分と季節差分の 2 つの操作以外は，時系列の特徴をすべて ARMA モデルで表現しているため，その特徴の理解が難しい点である．予測だけでなく，現象のダイナミクスの理解も時系列解析の重要な目的であるため，筆者はこの点が不満である．さらに，ARMA モデルの推定結果は K や M の選択に非常に敏感な点も十分留意せねばならない．係数の数が 1 つ違っただけで結果が大きく異なることもある．この問題点は，ARMA モデルを 1 つ選択する点推定的な推定法を，複数の ARMA モデルをモデルの評価指標の重みつき平均で統合することで軽減できる．このモデル平均の手法は，ベイズ統計学の枠組みでは，モデルに対する事前情報を簡易的にとり入れた方法として，擬ベイズと呼ばれている．

8.2.5 単位根と特性方程式

式 (8.14) (p.108) あるいは式 (8.16) (p.108) の AR モデルを表す $\Psi(B)$ の値を 0 とおくときの，B に関する代数方程式を**特性方程式**と呼ぶ．またその解を特性根といい，特性根は一般に複素数になる．時系列が定常か非定常かを識別する目安として単位根について言及したが，単位根とはこの特性根の絶対値 $|B|$ が 1 となる解のことである．$|B| = 1$ の特性根を単位根と呼ぶ理由は，$|B|^2 = B^2 = 1$ を複素数 B の関数と見ればちょうど単位円になるからである．B の値が時系列にどう影響を与えるかをイメージとしてつかむために，厳密な議論は定常時系列の他解説書に委ね，以下に簡単に解説する．

B の定義より $y_t = (1/B)y_{t-1}$ であるため，$|B|$ が 1 より大きいと，y_t の長期予測の期待値はゼロに近づくであろう．逆に，$|B|$ が 1 より小さいと，長期予

測の期待値は拡大し，発散しそうである．また，1 階差分トレンドモデルの式 $(1-B)\,y_t = w_t$ は，$|B|$ が 1 の時は左辺が 0 となり，$1/(1-B)$ が定義できない．したがって，ここまでの議論により，$|B|$ が 1 以下だと時系列は定常にならないことがわかる．まとめると，すべての特性根が単位円の外側にあれば，時系列は定常である．一方，特性根の一つでも単位円上および内側にあると，時系列は非定常になることを示唆する．なお，この議論は，式 (8.6)（p.101）で与えられるパワースペクトルが存在するか否かの根拠にもなる．つまり，AR モデルを通して定めるパワースペクトルは，すべての特性根が単位円の外にないと，そもそも本来のパワースペクトルの意味をもたない，つまり定常時系列データに対して定義づけられるものでなくなる．

$|B|=1$ のときの議論で明らかなように，差分オペレータの特性根は単位円上にあるため，差分前の原データは非定常である可能性がある．そこで，SARIMA を用いた非定常時系列データの解析は，まず原データ y_t に対して差分オペレータ，さらに季節差分オペレータを適用する．結果として得られる差分時系列データが定常性を十分示すことを期待した上で，差分時系列データに対して ARMA モデルをあてはめる．そして，すべての特性根が単位円の外になるよう，最適な ARMA モデルを探していくという流れの作業になる．差分オペレータと季節差分オペレータを適用した後の作業の内容をまとめると，メタなパラメータ K と M の探索と，それに対応した AR 係数と MA 係数 $\{a_k\}_{k=1}^{K}$ と $\{b_m\}_{m=1}^{M}$ の決定になる．

8.3 … 非定常成分の抽出：シンプルな状態空間モデルを非定常データに適用する

8.3.1 トレンドモデルの適用

原データ y_t を次式のように，トレンド成分 μ_t と残差項 w_t の 2 つの項に分解する．

$$y_t = \mu_t + w_t. \tag{8.17}$$

w_t は残差項で，ガウス分布 $N(0,\sigma^2)$ に従うと仮定する．第 8.2.1 節で示したように，y_t の 1 階差分の操作の結果は定常性を概ね示すことがわかっているため，システムモデルに1階差分のトレンドモデルを採用する．観測モデル式 (8.17) (p.110) と1階差分モデルで構成される状態空間モデルは，第7.4節で解説した，粒子フィルタの適用例での状態空間モデルと同じである．したがって，以下に示す結果は，第7.4節で解説した粒子フィルタのアルゴリズムや計算方法に基づく．

粒子フィルタによって推定されたトレンド成分の推定値を $\hat{\mu}_t$ で表記する．具体的には，各時刻のトレンド成分の条件つき分布 $p(\mu_t|\cdot)$ を粒子フィルタの固定ラグ平滑化で近似的に求め，アンサンブル（粒子群）の平均値で $\hat{\mu}_t$ を定めた．固定ラグ平滑化については，第5.1.1項で解説した．また，ラグ幅は10とした．また粒子数は $N = 10^4$ である．図8.9に原データ y_t（青色）と $\hat{\mu}_t$（赤色）を示す．

$\hat{\mu}_t$ の上下に示した水色の曲線は，固定ラグ平滑化分布の粒子から構成した，μ_t に関する経験分布関数から求めた．具体的な経験分布関数の構成法は，第7.1.2項を参照されたい．ガウス分布の $\pm 1\sigma$ に相当する，累積密度が0.34および0.66に対応した，経験分布関数上の μ_t の値をつないだ曲線である．最適な観測ノイズおよびシステムノイズの分散値は，第7.4節に示した最尤法により定めることができ，得られた最適値はそれぞれ $\hat{\sigma}^2 = 0.172$ および $\hat{\alpha}^2\hat{\sigma}^2 = 0.0134$ となった．トレンド成分 $\hat{\mu}_t$ は，データに過度にフィットしていない．また，システムモデ

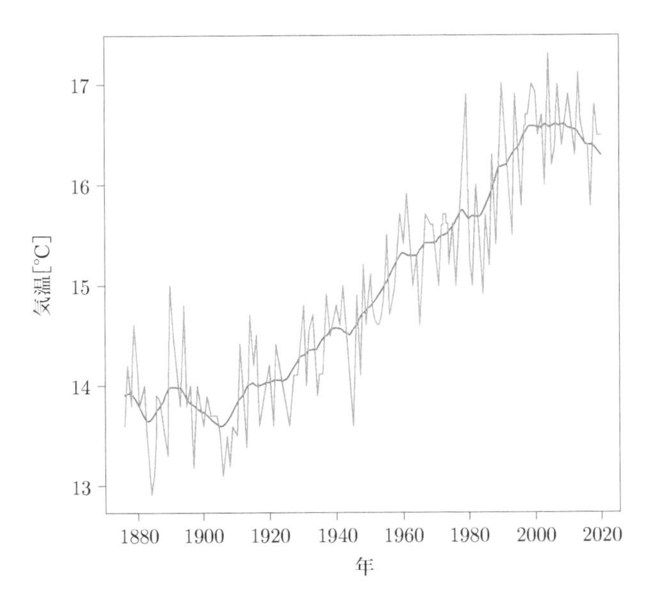

図 8.9　東京都の年平均気温のデータと推定されたトレンド成分

ルのシステムノイズの値がゼロの場合は $\hat{\mu}_t$ は一直線になるが，そのような傾向も示していない．推定されたトレンド成分の 1 階差分の平均値は 0.0165 であるため，140 年で 2℃ 以上も上昇していることがわかった．

8.3.2 推定の結果の検証

残差系列 $\hat{w}_t = y_t - \hat{\mu}_t$ の定常性について，本章で説明した複数の観点から検証する．図 8.10 に残差系列を示す．残差系列の標本平均値を赤横線で，その平均値 ± 標準偏差の値を水色横線で示す．標本平均値と標本標準偏差は，それぞれ −0.0234 および 0.401 である．目で見る限り，平均値はデータ区間を通してほぼゼロ，分散も一定のように見え，残差系列データは弱定常（さらにいえばホワイトノイズ）の性質を概ね示している．次に，図 8.11 (p.113) に示した標本自己相関関数を確認する[7]．ラグ $\ell = 0$ 以外ではほぼすべてゼロであること，特に $\ell = 1$ でゼロに近いことから，トレンド成分の除去が適切に行われていることがわかる．

標本自己相関関数により，トレンド成分の存在が除去できたことが確認された

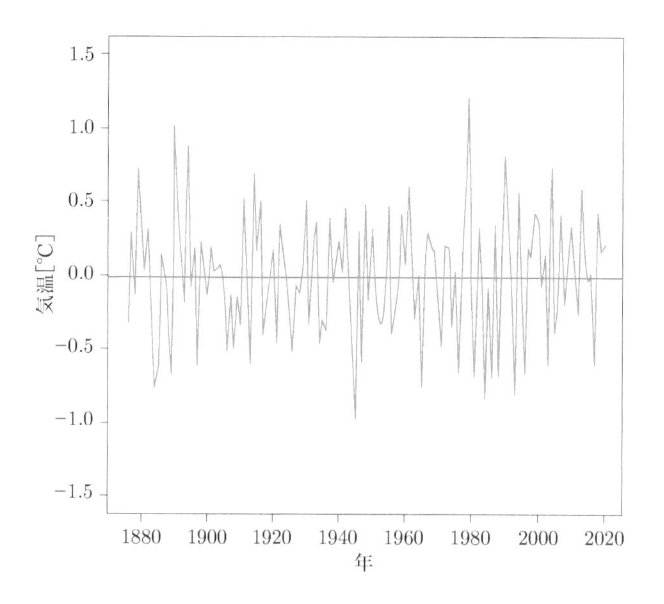

図 8.10　推定したトレンド成分とデータの差分の時系列データ

7　R の関数 acf で計算した結果である．

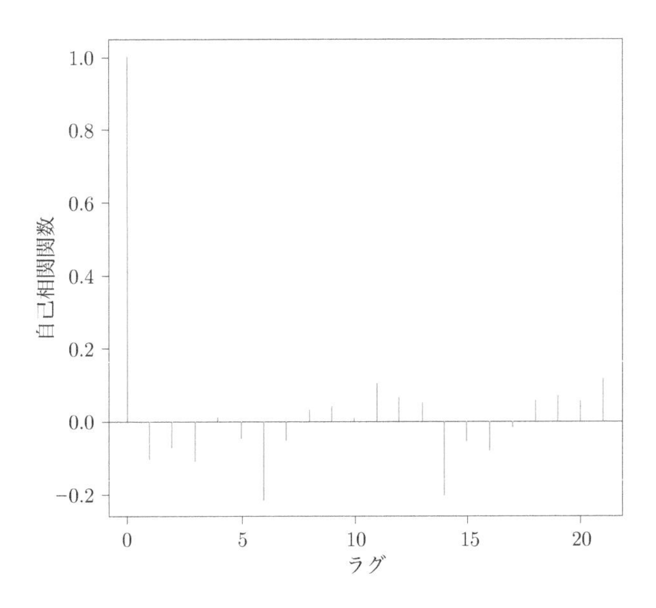

図 8.11　残差系列の自己相関関数

ならば，残差系列データのヒストグラムもあわせて確認すべきである．図 8.12 (p.114) に 1 階差分時系列データのヒストグラムを示した．ビン幅は 0.2 とした．残差系列の標本平均が −0.01246 と小さいこと，またほぼ対称に見えることから，トレンド成分の除去により，残差系列はガウス分布的な対称な分布に従っていることがわかる．事実，分布の非対称性を測る歪度を計算すると，0.0754 で，1 階差分時系列データの歪度 0.388 と比較するとかなり小さくなっており，分布がより対称になっていることが確認できた．

以上により，トレンド成分の除去後の残差系列が定常性をよく示すことが確認できた．しかしながら図 8.11 を細かく見ると，ラグ幅 6 年に弱い負の相関を，またラグ幅 11 年にさらに弱い正の相関を確認できる．太陽活動を表す黒点数は約 11 年の周期性をもつことが知られている．黒点数を外生変数（所与のデータ，説明変数ともいう）として回帰分析を行ってみるのも面白そうである．また図 8.9 (p.111) の最後の 10 年ほどは，$\hat{\mu}_t$ が低下傾向にあるように見える．さまざまな気象データに温暖化の影響を示す顕著な傾向が見られる中，このような低下傾向の原因を探るのも重要である．たとえば，エルニーニョ現象やラニーニャ現象の影響を考察するのも興味深い．また，1880 年代や 1940 年代の残差系列の大きな

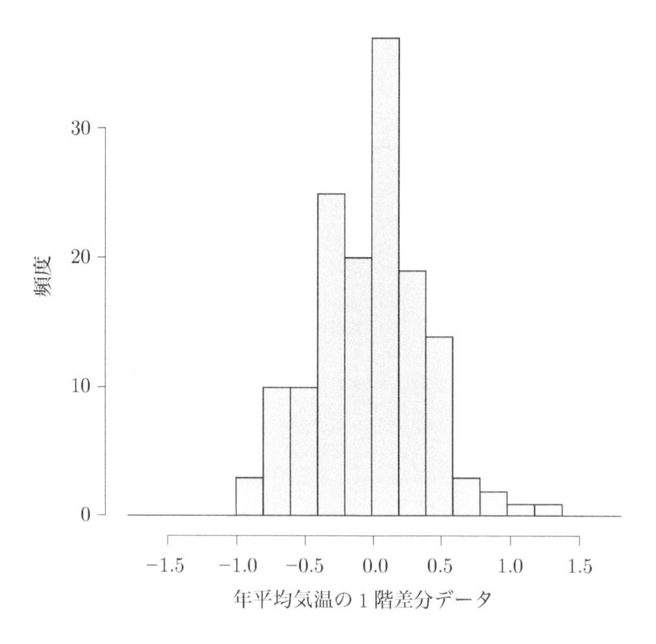

図 8.12　残差系列のヒストグラム

マイナスには，地球規模の大きな火山活動の影響があったかもしれない．このようにトレンド成分の動きをつかんだ後は，その知見をもとにデータ解析の目的に応じたさらなる詳細な分析や，より予測精度を向上させるモデリングを行っていく．つまり，非定常時系列データの分析においては，トレンド成分を考慮したモデリングを行うことが肝要といえる．

時系列データの特徴は，通常の場合，さらにデータが追加されていく点にある．今手元にあるデータは定常であったとしても，たとえば東京都における年別平均気温データの場合，スーパーコンピュータを用いた地球温暖化の予測計算の結果は上昇傾向が継続することを示しているため，2021 年以降で様相が大きく変わる可能性もある．新しいデータが追加されるたびに，過去の時系列データに適用した解析と同じ解析を実施し，トレンド成分の推定値が新しいデータの追加によりどう変化したかを丁寧にモニターしていくことは大切である．

第9章

経験知の総結集：売上予測の精度を上げる

9.1 … 観測モデル：データを徹底的に要素に分解する

これまで学習してきたモデリングと計算手法の応用事例として，第1.1節で紹介したレストランの売上データを再度とり上げる．1ヶ月から数ヶ月の時間スケールの売上の長期的動向，つまりトレンド成分と，来客行動の曜日パターンが及ぼす影響を表す曜日効果成分の2項についてはすでに第1章と第3章でモデリングを行った．これ以外にもいろいろな効果が考えられる．思いつく効果をなるべくとり上げ，それら一つ一つに対して既存の知識を不確実性込みでモデリングしていく．

売上データには，当然，天候の影響がある．雨が降るとレストランへ足が遠のくのはありふれた消費者行動である．また本レストランの近隣にイベント会場（コンベンションセンター）があるため，イベントが開催されると明らかに来客数が増える．よってイベント効果も考える．これらをすべて考慮して，t 日目の売上データを次式のように6つの項に分解する．

$$y_t = \mu_t + W_t + R_t + E_t + \zeta_t + w_t. \tag{9.1}$$

μ_t がトレンド成分で，システムモデルに2階差分のトレンドモデル（式(3.8)(p.26)）を採用する．W_t は曜日（the day of the **W**eek）効果成分である．ただし，祝日効果もとり入れた曜日効果成分モデルである．詳細は次の節で説明する．R_t と E_t は各々雨（**R**ain）効果とイベント（**E**vent）効果である．これらのシステムモデルも後述する．

ζ_t は μ_t よりは短く，W_t よりは長い時間スケール，具体的には1ヶ月程度の周期の成分を担う項である．システムモデルは次のような2次のARモデルで与える．

$$\zeta_t = \sum_{l=1}^{2} c_{\zeta,l}\zeta_{t-l} + v_{\zeta,t}, \quad v_{\zeta,t} \sim N(0, \alpha_\zeta^2\sigma^2). \tag{9.2}$$

ただし $\{c_{\zeta,1}, c_{\zeta,2}\}$ は未知パラメータである．AR モデルは式 (1.2) (p.4) として前出である．なお，ここでは AR の次数を 2 としたが，もっと増やしてもよい．ただし，未知パラメータ数が増えるので，その推定に計算コストがかかる．最後に，w_t は残差項で，$N(0, \sigma^2)$ に従うとする．

> ζ_t のような μ_t や W_t の項では説明できない時間スケール変動を表す項をあらかじめ入れておくことが，モデリングに基づくデータ分析の秘訣である．いい換えれば，時系列解析で時間変動を直接モデリングするときは，ゆっくりした変動と比較的短期的な変動を示す項をはじめから含めておいたほうが分解結果が自然になる．

9.2 … 勘と経験をとり込む

9.2.1 曜日効果（曜日パターン）

レストランの売上は，祝日ならその時期の日曜日のパターンに，また祝日前日なら土曜日，あるいは金曜日のパターンに似ていると仮定するのは自然である．もちろん，どの程度似ているかについては店ごとに違う．したがって，祝日の効果もとり入れた曜日効果成分 W_t を以下のように表してみる．

$$W_t = s_t + d_{1,t}b_1(s_{日,t} - s_t) + d_{2,t}\left\{b_2(s_{金,t} - s_t) + b_3(s_{土,t} - s_t)\right\}. \tag{9.3}$$

$d_{1,t}$ と $d_{2,t}$ は指示関数で，表 9.1 の通りの値をとる．カレンダーは既知なので所与の量（確率変数でない値）である．s_t は曜日効果の基本パターンを表し，システムモデルは式 (3.9) (p.26) とする．$s_{日,t}$ は直近の日曜日，つまり s_t に一番近

表 9.1　休日・休日前日を示すデータの定義

	値=1	値=0
$d_{1,t}$	t 日目が月〜金の祝日	それ以外
$d_{2,t}$	t 日目が，祝日でない月〜木曜日かつ翌日が祝日	それ以外

い過去の日曜日の成分とする．同じように $s_{金,t}$ は直近の金曜日，$s_{土,t}$ は直近の土曜日の成分を示す．t の曜日によって，何日さかのぼれば一番近い日曜日になるかが異なる．b_1 は，直近の日曜日と今の s_t の類似度を，また b_2, b_3 はそれぞれ，直近の金曜日，直近の土曜日との類似度を表すパラメータである．ただし，

$$
\begin{aligned}
&0 \le b_1 \le 1, \\
&0 \le (b_2 + b_3) \le 1 \quad \text{かつ} \quad 0 \le b_2 \quad \text{かつ} \quad 0 \le b_3.
\end{aligned} \tag{9.4}
$$

それらの値によっては，類似度はゼロにもなり得る．

さて，式 (9.3) (p.116) がわれわれの勘を表すことを確認する．まず，t 日目が火曜日かつ祝日で $b_1 = 1$ だったとすると，$s_t + d_{1,t}b_1(s_{日,t} - s_t)$ が $s_t + 1 \cdot 1(s_{日,t} - s_t) = s_{日,t}$ となって 2 つある s_t がキャンセルされるため，完全に日曜日のデータと同じという仕組みを実現する．今度は t 日目が水曜日とし，次の日の木曜日が休日だったとする．すると，$d_{2,t} = 1$ となる．ここでたとえば $(b_2, b_3) = (1,0)$ のケースを考えると，

$$
\begin{aligned}
W_t &= s_t + d_{1,t}b_1 \cdot (s_{日,t} - s_t) + d_{2,t}\left\{b_2(s_{金,t} - s_t) + b_3(s_{土,t} - s_t)\right\} \\
&= s_t + 0 \cdot (s_{日,t} - s_t) + 1 \cdot \left\{1 \cdot (s_{金,t} - s_t) + 0 \cdot (s_{土,t} - s_t)\right\} = s_{金,t}.
\end{aligned} \tag{9.5}
$$

$s_{金,t}$ の項だけが残り，W_t は直近の金曜日のデータで表現される．祝日の前の日だったらある程度金曜日に似ているかもしれない．あるいは同様にして土曜日に似ているかもしれない．それらの直感を，式 (9.3) はうまく表している．

9.2.2 状態空間モデルで表現

次に $s_{金,t}$，$s_{土,t}$，$s_{日,t}$ の具体的な表現法を考察する．第 3.1.1 項で解説した季節調整モデルを思い出してほしい．曜日効果成分の場合は $\{s_{t-l}\}_{l=0}^{5}$ が状態変数であった（式 (3.10) (p.26)）．今，これらの状態変数を簡便のため以下でベクトル表記する．

$$
\boldsymbol{x}_{s,t}^{\mathrm{tp}} \equiv [s_t, s_{t-1}, s_{t-2}, s_{t-3}, s_{t-4}, s_{t-5}]. \tag{9.6}
$$

ここでは，W_t が $\boldsymbol{x}_{s,t}$ で表現できることを確認する．t 日目が祝日でも祝日前日でもなければ，W_t は以下のような観測行列 $H_{s,t}$

$$H_{s,t} = \begin{bmatrix} 1 & 0 & 0 & 0 & 0 & 0 \end{bmatrix} \tag{9.7}$$

を導入することで

$$W_t = H_{s,t}\boldsymbol{x}_{s,t} \tag{9.8}$$

と書ける.

次に t 日目が月曜日で祝日だったとする. そのときの $\boldsymbol{x}_{s,t}$ は

$$\boldsymbol{x}_{s,t} = \begin{bmatrix} s_t & (\text{月曜日}) \\ s_{t-1} & (\text{日曜日}) \\ s_{t-2} & (\text{土曜日}) \\ s_{t-3} & (\text{金曜日}) \\ s_{t-4} & (\text{木曜日}) \\ s_{t-5} & (\text{水曜日}) \end{bmatrix}. \tag{9.9}$$

式 (9.3) (p.116) より, $W_t = s_t + b_1(s_{\text{日},t} - s_t)$ なので, s_t にかかる係数は $1 - b_1$, また s_{t-1} が $s_{\text{日},t}$ に対応するので, その係数が b_1 になる. その結果, $H_{s,t}$ は以下のようになる.

$$H_{s,t} = \begin{bmatrix} 1-b_1 & b_1 & 0 & 0 & 0 & 0 \end{bmatrix}. \tag{9.10}$$

もし, t 日目が金曜日で祝日なら

$$\boldsymbol{x}_{s,t} = \begin{bmatrix} s_t & (\text{金曜日}) \\ s_{t-1} & (\text{木曜日}) \\ s_{t-2} & (\text{水曜日}) \\ s_{t-3} & (\text{火曜日}) \\ s_{t-4} & (\text{月曜日}) \\ s_{t-5} & (\text{日曜日}) \end{bmatrix} \tag{9.11}$$

である. また $s_{\text{日},t} = s_{t-5}$. よって, このときは

$$H_{s,t} = \begin{bmatrix} 1-b_1 & 0 & 0 & 0 & 0 & b_1 \end{bmatrix} \tag{9.12}$$

とすれば, 式 (9.8) が成り立つ. 以上のように, t 日目が月～金曜で, かつ祝日になったら, 観測行列 $H_{s,t}$ を変化させれば祝日効果のモデルは表現できる.

次に祝日前日のモデルが表現できるかを確認する．もし，t が月曜日で祝日前日だった場合には，直前の土曜は 2 日前になるので $s_{土,t} = s_{t-2}$ となる．金曜に関しては $s_{金,t} = s_{t-3}$．式 (9.3) (p.116) より，

$$
\begin{aligned}
W_t &= s_t + d_{1,t} b_1 (s_{日,t} - s_t) + d_{2,t} \left\{ b_2 (s_{金,t} - s_t) + b_3 (s_{土,t} - s_t) \right\} \\
&= s_t + 0 \cdot b_1 \cdot (s_{日,t} - s_t) + 1 \cdot \left\{ b_2 \cdot (s_{金,t} - s_t) + b_3 \cdot (s_{土,t} - s_t) \right\} \\
&= s_t + b_2 \cdot (s_{t-3} - s_t) + b_3 \cdot (s_{t-2} - s_t) \\
&= (1 - b_2 - b_3) s_t + b_3 s_{t-2} + b_2 s_{t-3}. \qquad (9.13)
\end{aligned}
$$

よって観測行列は

$$
H_{s,t} = \begin{bmatrix} 1 - b_2 - b_3 & 0 & b_3 & b_2 & 0 & 0 \end{bmatrix} \qquad (9.14)
$$

となる．祝日前日が，火曜，水曜だった場合については同様に観測行列を構成できる．

問題は t が木曜日のときである．というのも，直前の金曜日は 6 日前になるが，状態ベクトル $\boldsymbol{x}_{s,t}$ には s_{t-6} は含まれない．しかしながら，1 周期の和はほぼゼロという式 (1.14) (p.12) の拘束条件を使って，直前の金曜日のデータは $s_{金,t} = s_{t-6} = -\sum_{l=0}^{5} s_{t-l}$ と推測できる．この置き換えと，$s_{土曜,t} = s_{t-5}$ を式 (9.3) に代入し，s_{t-l} の各項について整理すれば，t が木曜日のときの観測行列が求まる．

$$
H_{s,t} = \begin{bmatrix} 1 - 2b_2 - b_3 & -b_2 & -b_2 & -b_2 & -b_2 & b_3 - b_2 \end{bmatrix}. \qquad (9.15)
$$

以上のようにすれば，どのような祝日前日の効果についても観測モデルで表現することができる．

> 巧妙といえば巧妙であるが，状態変数への線形制約は工夫すればシステムモデルあるいは観測モデルとして表現できる．

9.3 … 外生変数の影響を柔軟に表現する

9.3.1 雨効果の影響：パラメータの導入

店長が当日の天気を，{晴れ，曇り，雨，大雨，雪} の 5 つに“主観的”に分類

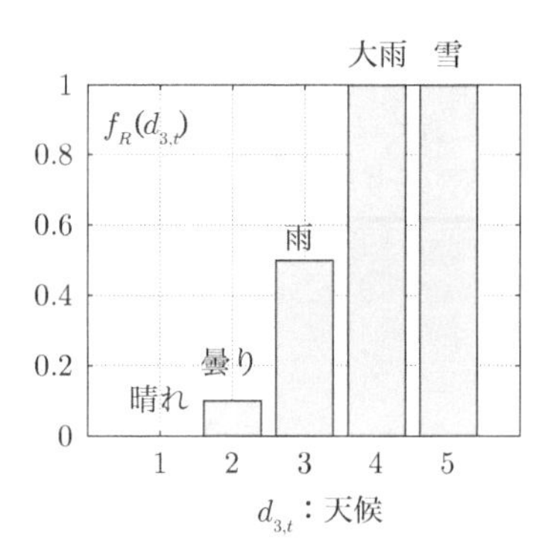

図 9.1　雨効果で仮定した離散・非線形関数（テーブル）

表 9.2　天候データの定義：$d_{3,t}$

天気	晴れ	曇り	雨	大雨	雪
$d_{3,t}$	1	2	3	4	5

して記録に残していたので，それを外生変数（所与のデータ）としてとり扱う．最近だときわめてローカルな地点ごとの天候のデータにアクセス可能なので，理想的にはそのようなデータを使うべきであろうが，あえて天気に対する店長の印象も含んだ（であろう）店長記録データを解析に利用する．t 日目の天気を表すデータを $d_{3,t}$ とする．値が何に対応するかを表 9.2 に示した．要は，値が大きくなるにつれて客足に影響が出るようなカテゴリー値とした．

天気のカテゴリー値に対応して図 9.1 のように値を 0〜1 の範囲に非線形変換する関数 $f_R(\cdot)$ を導入し，雨などが客足に影響を及ぼす非線形的な効果を表してみた．晴れのときは 0，大雨と雪のときは 1 となるように設定した．本来なら，$d_{3,t} \mapsto f_R(d_{3,t})$ の対応表はデータに合うように最適化すべきであるが，ここでは主観的に与えた．そのかわりに，f_R に掛ける定数項 γ_R を導入し，未知のパラメータとしてとり扱った．

$$R_t = \gamma_R \cdot f_R(d_{3,t}). \tag{9.16}$$

γ_R が正に推定されると「雨が降れば売上は上がる」になり，負に推定されると「雨が降ると売上が下がる」ことを意味する．一般的なケースだと，負の値になることが予想される．この項は時間依存しないが，時間に依存する状態変数 $\gamma_{R,t}$

にするため

$$\gamma_{R,t} = \gamma_{R,t-1} \tag{9.17}$$

のように，システムノイズのないシステムモデルとした．この制約により，$\gamma_{R,t}$ は結果として時間に依存しない項となる．

> 時間に依存しないパラメータでも，ここで示したようにとりあえず時間に依存する状態変数として定義し，状態ベクトルに組み込むが，システムノイズを付加しなければ，結果として時間に依存しないパラメータの推定が可能になる．そのときは，初期分布をどう与えるかだけに推定値が依存する．

9.3.2 イベント効果：パラメータの時変化

レストランの近隣には大きなコンベンションセンターがあり，各イベントへの参加予想人数データ，$d_{4,t}$ を外生変数とした．参加人数の実際の数でなく見込み数をデータとした理由は，そもそも実際の数は通常のビジネス商慣習上，手に入らないからである．見込み数は各イベントにおいてコンベンションのスペースを借りる興行主がコンベンションセンターを運営している会社に届けた数である．したがって，きわめて漠然とした（むしろ，過大に見積もった）予想数である．

$d_{4,t}$ を用いてイベント効果を，$d_{4,t}$ の非線形関数 $f_E(\cdot)$ と時間に依存した定数項 $\gamma_{E,t}$ の積で表す．f_E は値域を $[0,1]$ とするように設定したため，$\gamma_{E,t}$ の単位は [円] となる．

$$\begin{aligned} E_t &= \gamma_{E,t} \cdot f_E(d_{4,t}), \\ \gamma_{E,t} &= \gamma_{E,t-1} + v_{E,t}, \quad v_{E,t} \sim N(0, \alpha_E^2 \sigma^2). \end{aligned} \tag{9.18}$$

$\gamma_{E,t}$ のシステムモデルは 1 階差分のトレンドモデルを採用した．したがって $\gamma_{E,t}$ は時間とともに変動する．変動の様相は，システムノイズが従うガウス分布の分散 $\alpha_E^2\sigma^2$ がコントロールする．外生変数に関連した項（ここでは $f_E(d_{4,t})$）にかかる係数が時間とともに変化するときは，その係数のことを**時変係数**と簡単に呼ぶことも多い．一方，時間に依存しない場合は**時不変係数**と呼称し，時変係数と差別化することもある．

また非線形関数は

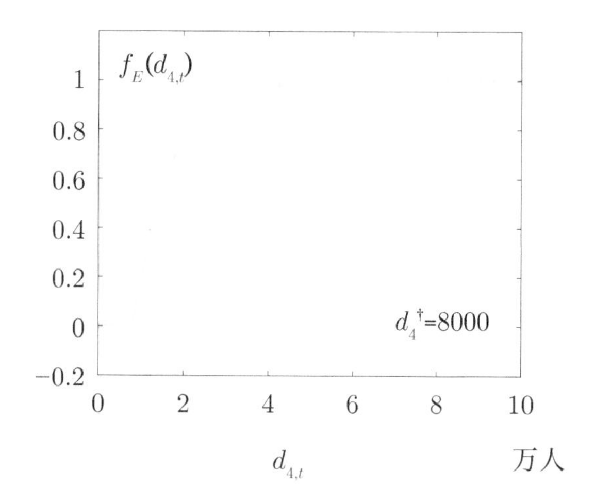

図 9.2　イベント効果で仮定した非線形関数

$$f_E(d_{4,t}) = \begin{cases} \dfrac{g(d_{4,t})}{\max\{g(d_{4,t})\}} & d_{4,t} \geq d_4^\dagger \\ 0 & d_{4,t} < d_4^\dagger \end{cases}, \tag{9.19}$$

$$g(d_{4,t}) = 1 - \exp\{-c_E(d_{4,t} - d_4^\dagger)\} \tag{9.20}$$

を仮定する．図 9.2 にその一例を図示した．横軸がイベント参加予想人数 $d_{4,t}$ である．小さいイベントでは効果がまったく出ないが，ある程度人が来るようになると急に効果が出て，最後には飽和してしまう非線形関数を採用した．飽和する理由は，あまりにもイベント参加人数が増え，レストランを訪問する人数が増えたとしても，店のキャパシティ（要は席数とアルバイトなどの店員数）に制限があるため，効果にも最大値が必ず存在することである．効果が出はじめるところの閾値（$d_4^\dagger$）や，立ち上がり，また飽和するスピードを制御するパラメータ（c_E）は未知としてとり扱ってもいいが，ここでは直感で値を与えた．

9.4 … 状態空間モデルにまとめる

最初に状態ベクトルに必要な要素を考えると，トレンド成分 μ_t は 2 次のトレンドモデルを仮定したので 2 つ，また曜日効果 W_t（実質は s_t）は式 (9.6)（p.117）で示したように 6 つ，雨効果項は式 (9.17)（p.121）より $\gamma_{R,t}$ の 1 つ，イベント

効果項 E_t は式 (9.18) (p.121) より $\gamma_{E,t}$ の 1 つ，AR 項 ζ_t は式 (9.2) (p.116) より 2 つとなる．これらをまとめると

$$
\boldsymbol{x}_t \equiv \left[\begin{array}{c} \mu_t \\ \mu_{t-1} \\ \hline s_t \\ s_{t-1} \\ s_{t-2} \\ s_{t-3} \\ s_{t-4} \\ s_{t-5} \\ \hline \gamma_{R,t} \\ \hline \gamma_{E,t} \\ \hline \zeta_t \\ \zeta_{t-1} \end{array}\right] = \left[\begin{array}{c} \mu_t \\ \mu_{t-1} \\ \hline \\ \\ \boldsymbol{x}_{s,t} \\ \\ \\ \hline \gamma_{R,t} \\ \hline \gamma_{E,t} \\ \hline \zeta_t \\ \zeta_{t-1} \end{array}\right] \tag{9.21}
$$

となる．

この状態ベクトルを使ってシステムモデルは，

$$
F_t = \left(\begin{array}{c|c|c|cc} F_{\mu\&s} & \mathbf{0}_{8\times 1} & \mathbf{0}_{8\times 1} & \mathbf{0}_{8\times 1} & \mathbf{0}_{8\times 1} \\ \hline \mathbf{0}_{1\times 8} & 1 & 0 & 0 & 0 \\ \hline \mathbf{0}_{1\times 8} & 0 & 1 & 0 & 0 \\ \hline \mathbf{0}_{1\times 8} & 0 & 0 & c_{\zeta,1} & c_{\zeta,2} \\ \mathbf{0}_{1\times 8} & 0 & 0 & 1 & 0 \end{array}\right),
$$

$$
G_t = \left(\begin{array}{c|c|c} G_{\mu\&s} & \mathbf{0}_{8\times 1} & \mathbf{0}_{8\times 1} \\ \hline \mathbf{0}_{1\times 2} & 0 & 0 \\ \hline \mathbf{0}_{1\times 2} & 1 & 0 \\ \hline \mathbf{0}_{1\times 2} & 0 & 1 \\ \mathbf{0}_{1\times 2} & 0 & 0 \end{array}\right) \tag{9.22}
$$

および

$$
\boldsymbol{v}_t = \begin{bmatrix} \boldsymbol{v}_{\mu\&s,t} \\ v_{E,t} \\ v_{\zeta,t} \end{bmatrix} \tag{9.23}
$$

で，線形ガウス状態空間モデルのシステムモデル（式 (3.16) (p.27)）として表現できる．ここで，$F_{\mu\&s}$ と $G_{\mu\&s}$ は，式 (3.18) (p.28) で定義した F および G と同一．$\mathbf{0}_{8\times 1}$ は，8 行 1 列のゼロ行列を指す．$\boldsymbol{v}_{\mu\&s,t}$ は，式 (3.18) で定義した $\boldsymbol{v}_t$ と同一．また，観測モデルは

$$
H_t = \left(\begin{array}{cc|c|c|c|cc} 1 & 0 & H_{s,t} & f_R(d_{3,t}) & f_E(d_{4,t}) & 1 & 0 \end{array} \right) \tag{9.24}
$$

となる．$f_R(d_{3,t})$ も $f_E(d_{4,t})$ も引数があるが，各々所与の量なので，ともに値が確定していることに注意する．つまり，H_t は時刻に依存した定数行列である．

パラメータベクトル $\boldsymbol{\theta}$ は

$$
\boldsymbol{\theta}^{\mathrm{tp}} = \left[\sigma^2, \alpha_\mu^2, \alpha_s^2, \alpha_E^2, \alpha_\zeta^2, b_1, b_2, b_3, c_{\zeta,1}, c_{\zeta,2}\right] \tag{9.25}
$$

である．第 5.2.1 項で示した最尤法で最適な $\boldsymbol{\theta}$ を求めることができる．なお，上述では既知としてとり扱った，c_E, $d_4^\dagger$, $\{f_R(m)\}_{m=1}^5$ も未知パラメータとしてとり扱ってもよい．

9.5 … 結果

9.5.1 要因への分解

レストランの売上データを状態空間モデルで表すことができたので，粒子フィルタと固定ラグ平滑化アルゴリズムを用いれば状態ベクトルの推定ができる．この場合，線形ガウス状態空間モデルなので，カルマンフィルタと平滑化アルゴリズムの適用が有効である．

■ トレンド成分

得られた固定ラグ平滑化分布，あるいは固定区間平滑化分布の平均値で状態ベクトルの推定値を $\hat{\boldsymbol{x}}_t$ とする．その状態変数の推定値について一つ一つ見ていこう．図 9.3 (p.125) のオレンジ色の線が推定したトレンド成分 $\hat{\mu}_t$ である．季節

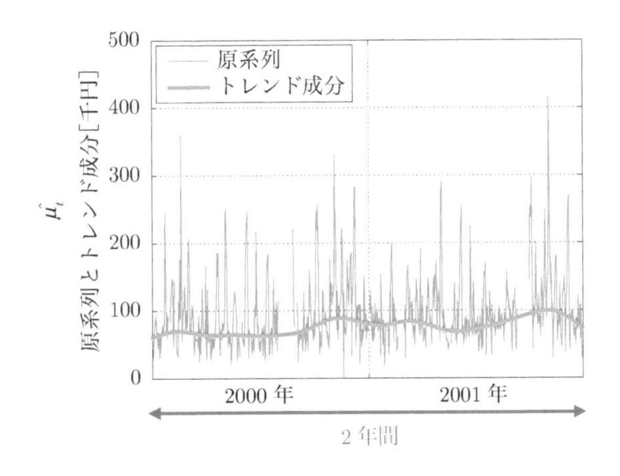

図 9.3　原系列とトレンド成分

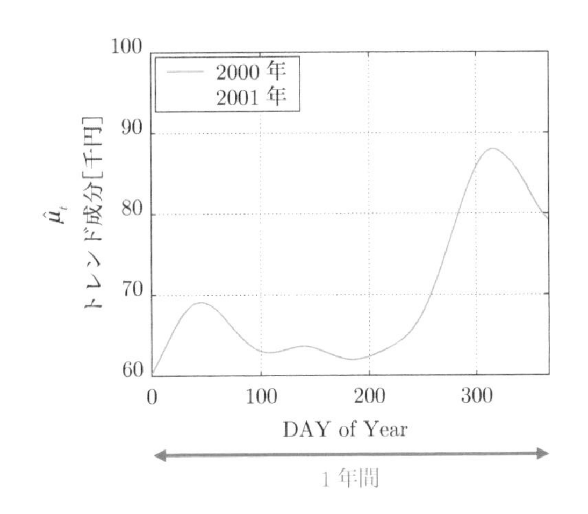

図 9.4　トレンド成分 1 年目と 2 年目

変化を比較するために，1 年目と 2 年目の変動を重ねてプロットしたものを図 9.4 に示した．繁忙期のためにデータが欠損していた時期もまったく問題なくトレンド成分の推定が可能であることが見てとれる．

■ 曜日効果成分

$\hat{W}_t$ の基本パターン，つまり，$\hat{s}_t$ の曜日ごとの平均値を図 9.5 (p.126) に表す．得られた基本週パターンが意味することは，週はじめの月曜日と週末の金曜は売

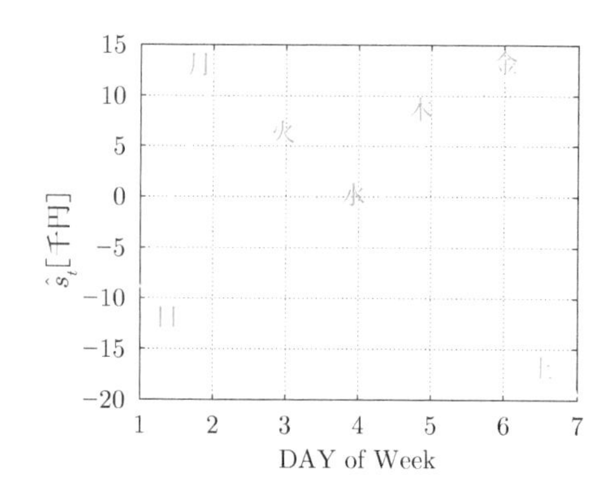

図 9.5　週効果基本パターン

上が多く，火曜日，水曜日は売上が少ないことである．このレストランはビジネスセンタービル内にあるせいで土日の売上が落ち込むことも明瞭に量的に捉えられている．一般的に曜日パターンは店によってかなり異なるが，このモデルを使うことで読みとることが可能である．つまり，各店舗ごとの特性をとり出せる．

休日，休日前日効果の結果については，b_1 の推定値は 1 であった．このことから，祝日は直近の日曜日の売上でほぼ説明できるといえる．お店の従業員の勘としてしかわかっていなかったことでも，数値で客観的に把握可能である．祝日前日に関しては (b_2, b_3) は $(0, 0.4)$ の結果が得られた．これにより，祝日前日の売上は金曜日には似ていないが，土曜日には 4 割程度似ていることがわかった．

■雨効果の結果

雨効果項の $\gamma_{R,t}$ は時間に依存しない状態変数であった．推定された $\gamma_{R,t}$ は正の値となった．このことは「雨が降れば売上が上がる」となる．これは普通の直感に反しているが，このレストランはビジネスセンターのビル内にあるので，ビジネスパーソンが天候が悪くなると面倒くさくなって外に食べにいかなくなった結果，売上が増えたものと思える．このように，ビジネス街の傾向を抽出できる．

■イベント効果の結果

図 9.6 上はイベント参加予想人数，$d_{4,t}$ のデータを用いて計算した非線形効果関数値 $f_E(d_{4,t})$ と時変動係数項 $\gamma_{E,t}$ の積，つまり，イベント効果項 E_t である．0 の値はイベント参加予想人数 $d_{4,t}$ が閾値 $d_4^{\dagger}$ を超えなかったことを示している．

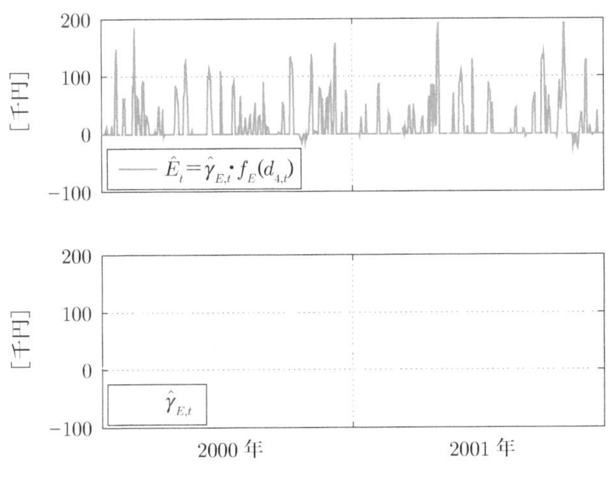

図 9.6　イベント効果

図 9.6 下がイベント効果の時変の係数の推定値 $\hat{\gamma}_{E,t}$ である．$\hat{\gamma}_{E,t}$ は 1 階差分のトレンドモデルでモデル化したが，この値が大きく変動しているということは，ほかの成分でデータをうまく表現できなかった部分をこのイベント効果項で吸収したことを物語っている．

データを多成分の和（あるいは積）で表現する際，各成分への分解がうまくいかないときには，どれかの項が期待したシステムモデルのイメージから遠い推定値となっている．この現象をしばしば「しわ寄せがそこに行く」といっている．たとえば季節調整モデルだったら，トレンドと季節成分と AR モデルと残差項にきちんと分かれて，与えたシステムモデルのイメージに近い時間変動をしているときには，その対象のモデリングは，たいていうまくいっている．

9.5.2　予測誤差分布

図 9.7 (p.128) に式 (4.24) (p.49) で定義した予測誤差のヒストグラムを示す．縦軸は相対頻度（各ビンに入ったケース数を全体の数で割った数字）である．この図の上段は，イベント効果がなかったとき（$\hat{E}_t \leq 0$：計 435 日）の，また下段はイベント効果があったとき（$\hat{E}_t > 0$：計 224 日）の分布である．予測誤差を計算した日数の合計（$659 = 435 + 224$）が 2 年間の日数より少ないのは，繁忙期

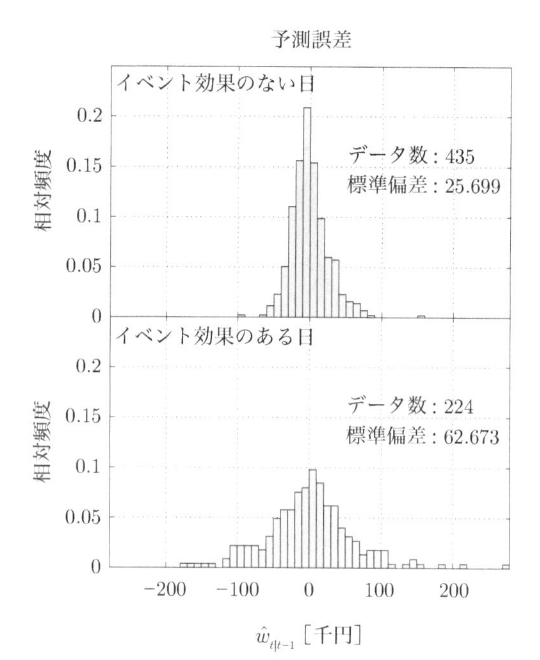

図 9.7　予測誤差の分布

によりデータが欠損しているためである．上段の分布の標準偏差は約 26,000 円である．予測誤差をデータで規格化した，相対誤差

$$\frac{\hat{w}_{t|t-1}}{y_t} = \frac{y_t - \boldsymbol{H}\hat{\boldsymbol{x}}_{t|t-1}}{y_t} \tag{9.26}$$

は，イベント効果がないときは 10〜20% 程度であった．一方，イベント効果があると予想がかなり難しくなっており，標準偏差で約 63,000 円程度，相対誤差にすると 20〜30% 程度にもなる．特に予測誤差の大きいイベントはどのようなイベントであったかをせっかくなので調べてみた．

予測誤差の大きいイベントのタイプとしては，子ども向け，物産展，有名人講演などがあった．本書で紹介した予測法ではイベントの分類をしていないが，イベントのタイプによってイベント効果が変化するようにモデリングすべきであることが明らかである．また，ビジネス商慣習から，イベントへの実参加者人数を得ることは通常できないが，イベント主催者がインターネット上で後日，報告しているケースもたまにある．予測誤差の大きいイベントの中で参加者の実際の数が把握できたものを調べてみると，イベント参加予想人数（$d_{4,t}$）と実際の数が大きく異なるイベントがほとんどであった．つまり，そもそもイベント効果 E_t で説明することが不可能であったのである．この乖離は，集客能力の大きい著名な講演者の登壇など，イベントの特殊性に起因している．これらの特殊要因にも，ほかのイベントでの講演者の集客動向情報を集めることにより，イベント効果成分のモデルを精密化することで対処できる．

第10章 データ同化：シミュレーションの予測性能を向上させる

10.1 … シミュレーション計算

10.1.1 基礎方程式とシステムモデル

毎日の気象予報や，30 年先の地球の温度分布や CO_2 量などの長期予測や，都市直下型地震によるビルごとの揺れの見積りを実現しているのは，スーパーコンピュータ上でのシミュレーション計算である．まず，本章で指すシミュレーション（モデル）とは何なのかを以下に説明する．なお，ここでは時間とともに変化する現象のダイナミクスを記述するために利用されるシミュレーションのみをとり扱う．そのような現象の**時間発展**を追うシミュレーション計算とは，抽象的表現でまとめれば，時刻 $t-1$ のベクトル量の値を右辺に代入すると，次時刻のベクトル量である左辺の値が得られる「代入計算」を繰り返す計算方式といえる．ここで非線形・非ガウス時系列モデルのシステムモデル（式 (3.21) (p.29)）を思い起こしてほしい．それは，時刻 $t-1$ の状態ベクトルとシステムノイズの値を右辺に“代入”すれば，左辺の時刻 t の状態ベクトルの値が定まることを表していた．したがってこの事実は，シミュレーション計算でのベクトル量の成分を適切に状態ベクトル量に埋め込めば，シミュレーション計算は非線形・非ガウス時系列モデルのシステムモデル（式 (3.21)）で記述できることを示唆している．

シミュレーション計算は非常に幅広い分野で利用されているが，このシステムモデルがどのような原理，細かくはどんな方程式に基づいているかは分野によって相当違う．物理系あるいは化学系の分野のシミュレーションは，大学に入ってすぐに習うような基礎方程式に基づいた計算が多い．たとえば，流体力学，連続体力学，熱力学，あるいは量子力学などの研究領域では基礎方程式と呼ばれる対象の時間・空間変動を記述する**支配方程式**が存在し，その方程式を計算機の力業でもって解く．ところが生物，さらには社会科学の分野にまで目を向けると，当該分野に基礎方程式があるわけではなく，単に「代入計算」により時間発展を求める計算全般をシミュレーションといっているようである．ファイナンス分野には，ブラック–ショールズモデルのような多くの出発点となる“基礎的な”方程式が確かにあるが，それも物理や化学の分野での基礎方程式に相当するものではない．本書では，システムモデルが立脚する根源的方程式が基礎方程式に由来するのかどうかにかかわらず，すべての時間発展型のシミュレーションモデルを扱う．よって，人間行動モデルを組織化して計算機実験するエージェントシミュレーションモデルも本章でとり扱うシミュレーションの一つである．

10.1.2 データ同化の目的：気象・海洋学の観点から

データ同化をひとことでいうと，観測データあるいは計測データを用いてシミュレーション内の不確実性を減少させる計算技法である．その研究は主に気象学・海洋学分野で 1990 年代半ば頃から発展してきた．不確実性を減少させたいというニーズから，原始的な形でのデータ同化の試みは昔から当然あった．気象学の専門家に聞いたところ，歴史をさかのぼれば 1960 年代頃がスタートらしい．シンプルなシミュレーションモデルと少量の観測データを合わせようという素朴な試みであったと思われる．スーパーコンピュータを用いた大規模シミュレーション計算と，地球の環境を時間的にも空間的にも多面的かつ高解像度で捉えた観測データを合わせた形でのデータ同化は，やはり 1990 年代半ばからである．1980〜90 年代は非常に大きいエルニーニョ現象が発生した期間で，地球を観測する人工衛星を各国が精力的に打ち上げた時期であった．

現在においてもデータ同化の研究が最も盛んなのは気象・海洋学分野である．当該分野ではシミュレーション研究の歴史も長く，先駆的な研究の成果をあげてきた．にもかかわらずデータ同化が大きな注目を浴びている．その理由をいくつかあげることで，通常のシミュレーション計算の問題点を浮き彫りにする．

- **初期条件の不確実性**：シミュレーションは代入計算であるので，最初の値が必ず必要となる．その値のことを**初期条件**と呼ぶ．よい気象予報を行うために現状をうまく説明できる初期条件を求めたい．
- **境界条件の不確実性**：シミュレーションで主としてとり扱う領域の外の状況

を境界条件と呼ぶ．現状に合うよい境界条件を，時間依存性効果も含めて求めたい．

- **パラメータの不確実性**：シミュレーションモデル内には，経験モデルと呼ばれる，既存のデータ解析の結果などをもとに構成した関係式が通常存在する．経験モデル内には必ず未知のパラメータが含まれるので，現象の表現に適したパラメータ値の同定を行いたい．
- **データ分布の不均一性**：観測データの時間・空間分布は，経済的理由（要は計測・観測に予算がかかりすぎる）や物理的理由（理論上計測が不可能な場合）により一様でない．データがない点での推定値を単純な補間でなく，物理法則などをなるべく満たす形で推定したい．
- **実験計画の最適性**：明らかにしたい現象の特性をより正確に，また諸々のノイズの存在にもかかわらず安定的に推定するためには，対象を把握するための観測や計測装置の配置が肝となる．経済効率性も含めたうえで最適な実験計画を立案したい．

境界条件について説明を補足する．今，関東地方の集中豪雨を空間的かつ時間的に高解像度に予測するため，関東地方の気象だけをとり扱うシミュレーションを考えてみる．もちろん，そのような解像度での計算を地球全体で行えればよいのだが，計算機資源の関係でそれは実現不可能である．この予測シミュレーションを実行するためには，関東地方の周辺，たとえば日本海や太平洋の状況を，それも時間依存性を含めて指定しなければならない．それらは予測結果に大きな影響を与えるにもかかわらず，正確に知ることは不可能である．
経験モデルについて補足説明する．気象現象の特徴的時間スケールは「三寒四温」という言葉もあるように，数日程度から 1 週間くらいである．一方海洋現象の特徴的な時間スケールは数年程度と，ずいぶんとゆっくりしている．事実，エルニーニョ現象とラニーニャ現象は 5 年から 10 年のスケールで現れる．大気と海洋が結合しているのは明らかなので，両者を支配する基礎方程式を連結して解くことは大変意味がある．シミュレーション計算の実体は代入計算であった．したがって最も短い時間間隔の代入計算の 1 ステップは，気象の時間スケールである．その時間スケールで代入計算を続けていっては計算時間が無尽蔵に必要になる．また，あまりにも代入計算を繰り返しすぎると，しょせん計算機上の数値計算精度には有効桁数があるため，数値誤差が無視できないほどまで脹れあがる．したがって，特徴的時間スケールが著しく異なる現象を連結して解く際には，両者の相互作用を記述した関係式を基礎方程式の補足部品として導入する．この補足部品を経験モデルと呼ぶ．
シミュレーション計算には物理定数や化学定数が必ず現れる．光の速度のように値が 1 つのものもあれば，物質ごとに異なる定数も多い．後者の場合，既存の数値が妥当か，よく吟味すべきである．定数と捉えるよりパラメータと考えるべきであろう．たとえば，実験室内で得られた定数が，グローバルな環境でも同じかどうかはかなり注意せねばならない．特に摩擦係数，粘性係数のような，何々係数といった物理定数の値は「だいたいそれくらい」といった程度に考えておくべきである．

このようにシミュレーションモデルには多種多様な不確かさが数多く存在している．それらの不確実性を減少させない限り，現実の現象をシミュレーションでもって上手に表現することは絶対にできない．ではどうやって実現するか．一つのヒントは，やはり観測データや計測データにある．それらはリアルの一部分のみ（そのうえ，ひょっとしてほんの一瞬かもしれない）を観測した情報であるが，データを手がかりにシミュレーション内の不確実性は減らせる．

いろいろな初期値に対してシミュレーション計算をし，その結果を吟味することは，単純なモンテカルロ計算をしているのと同等である．全部をしらみつぶしに計算するのは絶対に不可能なので，何らかの探索空間に対する制約が必須である．一つの手がかりは観測データである．観測データでどんな可能性があるのかを実際に考えていく．
データ同化では，計算リソースをデータとの整合性の観点で配分している．この方針は工学のセンスでは当然の解決策と思われるが，理学のセンスではすっきりとは受け入れられないこともある．試行錯誤によるパラメータ探索や初期条件の変更の結果，計測や実験データに合うシミュレーション結果が得られれば，工学の視点では，ある意味，すばらしい成果である．なぜ合ったのかという背後に潜むメカニズムの究明は脇役で，まずは「予測が合う」ことが一番の評価基準である．一方，理学系の研究者らは「データに合わなくてもいいじゃないか」という，非常に開き直った態度を示すときがある．理学の視点から，物理現象の新解釈につながる計算結果が高く評価され，予測精度のパフォーマンスは厳しく問われない文化がある．つまり，「合わなくて当然」が計算結果の解釈に臨む基本的スタンスである．でも，そうもいっていられなくなったのが，大量データ時代の気象・海洋学分野のシミュレーションであろう．

10.2 … データ同化の状態空間モデルへの埋め込み

10.2.1 状態ベクトルの構成

データ同化はシミュレーションモデルとデータの 2 つが揃わなければはじまらない．ここでは，シミュレーション計算がとり扱うターゲットとして，読者が想像しやすいように，日本周辺の気象シミュレーションを例にとって説明をすすめる．なお，シミュレーションモデル自体の構築法は本書のとり扱う範囲ではない．それはすでに手元にあるものとして，どのようにして非線形状態空間モデルに埋め込んでいくかを以下に解説する．

シミュレーションモデルの構築は，通常，連続時間・空間の偏微分方程式で与えられる支配方程式を時間的・空間的に離散化する作業からはじまる．本例の場合は日本周辺の大気を 3 次元的に離散化する．時間方向の離散幅は興味ある現象の特徴的時間スケールよりも十分細かくするとして，空間方向の離散幅は東西，南北は等しく，高さ方向は地面に近いほど細かくとったりする．繰り返しになるが，シミュレーション計算の導出は本書の目的外であって，ここでは導出されるプロセスの大枠を理解するだけでよい．格子に区切った各交点をグリッド（ポイント）という．離散化の結果，シミュレーションを行うために必要な物理変数が各グリッドポイントに割り当てられる．著しく簡素化した例だが，端から数えて m 番目のグリッドに，南北方向および東西方向の風速ベクトル (U, V) と，温度 T_e が定義されたとする．もちろん，実際のシミュレーションではほかに膨大な数の物理変数が指定される．指定された物理変数をまとめて次のようなベクトル $\boldsymbol{\xi}_{[m,t]}$ で表記する．

$$\boldsymbol{\xi}_{[m,t]} \equiv \begin{bmatrix} \text{時刻 } t \text{ の } U \\ \text{時刻 } t \text{ の } V \\ \text{時刻 } t \text{ の } T_e \end{bmatrix}. \tag{10.1}$$

グリッドの総数を M とする.

> 支配方程式の連続の偏微分方程式を時間および空間についてどのように離散化するかだけでもたくさんの問題が生じる. 結果として, 連続時間・空間の偏微分方程式を離散時間・離散空間の差分方程式系に対応づける関係は, 1 対多である. つまり, シミュレーションモデル自体が, 支配方程式に対する一つのモデルになっていることを肝に銘じるべきである.

グリッドすべてに $\boldsymbol{\xi}_{[m,t]}$ が定義され, それらを縦に並べることによって時刻 t の状態ベクトルを構成する.

$$\boldsymbol{x}_t = \begin{bmatrix} \boldsymbol{\xi}_{[1,t]} \\ \vdots \\ \boldsymbol{\xi}_{[m,t]} \\ \boldsymbol{\xi}_{[m+1,t]} \\ \vdots \\ \boldsymbol{\xi}_{[M,t]} \\ \boldsymbol{\theta} \end{bmatrix}. \tag{10.2}$$

ここで $\boldsymbol{\theta}$ は, 経験式に含まれるようなパラメータも含めたすべての未知パラメータを要素とするパラメータベクトルである.

10.2.2 状態空間モデルで表現

式 (10.2) で状態ベクトルを定義すれば, シミュレーション計算は, 時刻 $t-1$ の状態ベクトルから時刻 t の状態ベクトルへの更新作業になる. すでに第 10.1.1 項で解説したことが, ここで改めて確認できた. すなわち, 時刻 $t-1$ の状態ベクトルを代入したら ($\boldsymbol{x}_{t-1}$ の情報を与えたならば), 時刻 t の状態ベクトル $\boldsymbol{x}_t$ が出てくる. 必要な情報は全部状態ベクトルに含まれている. すると, シミュレーションの計算は, 形式的には $\boldsymbol{x}_t = f(\boldsymbol{x}_{t-1})$ と表現できる. $f(\cdot)$ は解析的に与えられる必要はなく, プログラム形式, つまり右辺に代入すれば左辺の結果が与えられる形式でよい.

もし時刻 t において, 境界条件のランダムな変動のような外からの擾乱が加わったり, あるいはシミュレーションの物理変数に何らかの確率的変動を許容しても自然であるような場合には，それらの攪乱をまとめてシステムノイズ $\boldsymbol{v}_t$ で表現する．データ同化の多くのケースでは $\boldsymbol{v}_t$ はガウスノイズの場合が多い．すると時刻 $t-1$ から時刻 t への状態ベクトルの更新は

$$\boldsymbol{x}_t = f_t(\boldsymbol{x}_{t-1}, \boldsymbol{v}_t), \quad \boldsymbol{v}_t \sim N(\boldsymbol{0}, Q_t) \tag{10.3}$$

と書ける．これは今まで勉強してきた非線形・ガウス時系列モデルのシステムモデル（式 (3.19)（p.29））そのものである．

非線形・非ガウスの状態空間モデルの観測モデル（式 (3.22)（p.29））は $h_t(\cdot)$ が $\boldsymbol{x}_t$ に関して非線形であり，また観測ノイズ $\boldsymbol{w}_t$ も非ガウスノイズ分布に従ってもよかった．一方，ほとんどのデータ同化では「状態ベクトルの“一部の”変数を直接観測できること」を前提としている．$\boldsymbol{x}_t$ の次元は，グリッドポイント数 $\times$ 物理変数量程度ある一方，観測データの次元はそれと比較すると相当小さいのが通常のケースである．その理由を，上記の日本周辺の気象シミュレーションの例を再度とり上げながら考えてみる．グリッドを非常に細かくしたシミュレーションを行うと，グリッド数 M は相当大きくなる．観測データにアメダスによる気象データを想定する．すると，そもそも海の上にアメダス観測点はない．アメダスの空間配置もシミュレーションの空間解像度と比較すると相当粗い．また，シミュレーションで使う物理変数がすべてアメダスの観測装置によって観測できるわけもない．結果として観測データは，状態ベクトル内の変数のごくごく一部だけと関係づけられる．つまり，$\boldsymbol{x}_t$ と $\boldsymbol{y}_t$ の関係は長大な横長行列 H_t によって結ばれる．さらに H_t の行列要素は，データがある部分にのみ 1 がたち，それ以外はほとんどゼロであるようなスパースな行列となる．

上記では観測地点とグリッドが 1 対 1 で対応する例をとり上げたが，ある空間範囲内の平均的な量が観測されるケースを考えてみる．たとえば，人工衛星による撮像データをデータ同化の観測ベクトルとするときである．観測量が，測定位置に最至近のグリッドの近傍の平均的な量で対応づけられる場合は，近傍内のグリッド上で定義される物理量の加重平均とその観測量を対応させればよい．つまり，観測値がシミュレーション変数の空間的な線形結合で定義される．たとえば，$\boldsymbol{\xi}_{[m,t]}$ と $\boldsymbol{\xi}_{[m+1,t]}$ が南北に隣り合うグリッドとし，$\boldsymbol{\xi}_{[\cdot,t]}$ も観測量もスカラー量とする．また観測データの測定位置に対応するグリッドと，隣り合う南北 1 グリッドの重みつき平均で観測データが表現できるとすると，H_t の要素は以下のよう

になる．

$$
H_t \equiv \begin{pmatrix}
1/2 & 1/2 & 0 & \cdots & \cdots & \cdots & \cdots & \cdots & 0 \\
 & & & & & & & & \\
0 & \cdots & 1/4 & 1/2 & 1/4 & 0 & 0 & \cdots & 0 \\
0 & \cdots & 0 & 1/4 & 1/2 & 1/4 & 0 & \cdots & 0 \\
0 & \cdots & 0 & 0 & 1/4 & 1/2 & 1/4 & \cdots & 0 \\
 & & & & & & & & \\
0 & \cdots & \cdots & \cdots & \cdots & \cdots & 0 & 1/2 & 1/2
\end{pmatrix}. \tag{10.4}
$$

最初と最後の行の $(1/2, 1/2)$ はシミュレーション計算領域の縁への対応のためである．

これらの議論により，通常のデータ同化は

$$
\boldsymbol{x}_t = f_t(\boldsymbol{x}_{t-1}, \boldsymbol{v}_t), \quad \boldsymbol{v}_t \sim N(\boldsymbol{0}, Q_t), \tag{10.5}
$$

$$
\boldsymbol{y}_t = H_t \boldsymbol{x}_t + \boldsymbol{w}_t, \quad \boldsymbol{w}_t \sim N(\boldsymbol{0}, R_t) \tag{10.6}
$$

と非線形・ガウス状態空間モデルで表せる．一般には非線形変換でデータが得られる場合もあるが，そのときは線形とかガウスに限られることはなく，観測モデル（式 (3.22)（p.29））で観測データと状態ベクトルを関係づければよい．

10.3 … 逐次データ同化

10.3.1 計算手続き

データ同化の問題は非線形・ガウス状態空間モデルで表現できたので，第 4～5 章での結果がすべて成り立つ．本書では粒子フィルタをデータ同化に適用する方法を解説する．粒子フィルタのような，データを観測するたびに状態ベクトル推定の更新作業をするアルゴリズムに基づくデータ同化手法を**逐次データ同化法**と呼ぶ．ほかにはカルマンフィルタや**アンサンブルカルマンフィルタ**がその範疇に入る．粒子フィルタやアンサンブルカルマンフィルタは，条件つき確率分布に関する情報を実現値の集合（アンサンブル）の形で保持する．したがって，それらは特に**アンサンブルベース逐次データ同化**と呼称される．

逐次データ同化においても，出発点は一般状態空間モデル同様，時刻 $t = 0$ の

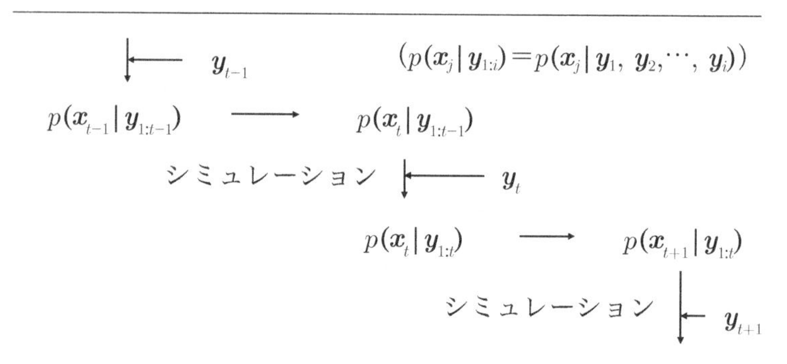

図 10.1　逐次データ同化アルゴリズムの概要

フィルタ分布である．それに対して予測の操作を適用することで時刻 $t=1$ の予測分布が得られる．データ同化の場合は，システムモデルの更新が単にシミュレーションに置き換わっているだけなので，予測の操作はシミュレーションで行う．逐次データ同化アルゴリズムの概要を図 10.1 に示した．図 4.3 （p.43）と比較するとそのことがよく理解できるのでぜひ見比べていただきたい．

粒子フィルタでは，各粒子に対してシステムモデルで与えられる更新式を適用するので，各粒子に対して通常行っているシミュレーション計算を独立に実行すればよい．この計算は粒子に関して完全に独立なので，粒子フィルタと同様に並列計算資源を利用できるのであれば，並列計算のよいところを最大限に活用できる．

次にデータが得られたならば，一般状態空間モデルでは，フィルタリングの操作で時刻 $t=1$ でのフィルタ分布が得られる．データ同化の場合もまったく同じである．一つ一つの粒子ごとに時刻 t の観測データにどの程度シミュレーション結果が合っているのかを観測モデルを通して評価する．データへの適合度，つまり重みに比例するようにして各粒子をリサンプリングすればフィルタ分布が得られる．これを繰り返すのがアンサンブルベース逐次データ同化である．

一連の作業を通常のシミュレーション計算の言葉で説明すれば，「この条件をもつシミュレーション計算の結果はそこそこデータに合っているので，このデータを観測した時点ではまだ計算を続けてみよう」とか，「この条件でのシミュレーションの計算結果はデータにだんだん合わなくなってきているので，そろそろ見切ろう」といった取捨選択を系統的に行っていることになる．このようにデータとの整合性の視点で選択と集中を繰り返せば，限られた計算資源を有効活用できる．

10.3.2 初期条件の推定

固定点平滑化の特別の応用例として，第 5.1.3 項にて初期分布の推定法を，また第 5.2.2 項にてパラメータの推定法を紹介した．第 10.1.2 項で先述したように，データ同化の目的として初期条件の推定やパラメータ推定があったが，それらは固定点平滑化により解決できる．つまり，シミュレーション計算の初期条件の決定がデータ同化により可能である．これだけにとどまらず，さまざまなシミュレーション内での不確実性を，データを参照することにより減ずることが可能である．

確率ロボティクス：お掃除ロボをつくる

11.1 … 自己位置推定問題

11.1.1 粒子フィルタとロボット制御

アメリカに国防高等研究計画局（Defense Advanced Research Projects Agency．通常略称でDARPAと呼ばれる）という国防総省の研究機関がある．そこが行っていた研究プロジェクトに，ロボットによる自動車の完全自動走行レースがあった．まずは，ラスベガス近辺からロサンゼルスに向けてモハーベ砂漠の中を自動走行させる課題が設定され，大学などの研究所が自動車メーカーと組んでレースに参加した．当初はほとんどリタイアする惨状であった．2004年のことである．その後短期の間にも着実に技術が向上したため，2007年には「アーバンチャレンジ」と呼ぶ，市街を自動走行させるタフな課題が設けられた．もちろん，通常の市街ではなく，走行レースは旧空軍基地内である．2010年には，グーグルのロボット車が同社のシリコンバレー本社からロサンゼルスまでの自律走行に成功し，さらに合計14万マイルの道のりを無人運転（万が一のためにドライバーが同乗）できるまでになっていた．

車には10～20個の各種さまざまなセンサーが搭載されているが，一般道を自動走行させるうえで一番重要な技術は，予測制御を行う計算システムである．いくら高性能のセンサーをつけても「安全で速く」という，自動走行のパフォーマンスの観点からは著しい性能向上は期待できない．石も転がっているし，人も飛び出してくる．道路状況をきちんと把握するのは相当大変な作業である．当然，GPSは搭載されているが，だいたいの位置くらいしか情報が得られない．多種のセンサーが得た局所的な情報をどう統合し，リアルタイムで予測するかがポイントである．そこに実は粒子フィルタが主要な推論技術として大活躍している．

無人運転といえば，とても身近になった多関節をもつ人型アームロボットを想起してほしい．そのアームの制御を行うには，ロボットの設計図と多数の部品が協調して動く力学を知識として，微分方程式などで与えられるような力学計算を高速で行わねばならないと信じられている．ところが，もっと簡単にロボットを制御する方法がある．人が経験から多くを学ぶように，ロボットに同一のコマンドを与え，その具体的行動結果を確率分布として知識化するのである．確率分布で表現すれば，本書で示す方法論が役立つ．本章ではロボットを制御する力学をまったく知らなくても，ロボットを制御する方法の入口に読者を導く．

11.1.2 センサーと課題

以下の説明ではマンションの部屋内（図 11.1）を移動する“お掃除ロボ”の制御に粒子フィルタを適用することを考えてみる．この 2DK のマンションの一室には小さな子どものいる 3 人家族が住んでいる．右が玄関，左がベランダである．真ん中の上部にトイレ，右上隅にバスルームがある．ここで，一番左の部屋と真ん中の部屋は，ガラス戸とふすまを閉めると回転対称（図 11.2 (p.142)）になっていることに注意しておく．この両部屋には小さい子どものおもちゃが散らばっている様子を想起してほしい（図 11.3 (p.143)）．お掃除ロボとは，家庭内電源からの充電によるエネルギーを使って部屋内を自動走行し床のゴミを吸いとる，家庭用自動走行掃除ロボットのことである．以下ではお掃除ロボを単にロボットと呼ぶことにする．本書で想定するロボットは，市販されている実機と同じような機能や性能をもっておらず，壁や障害物からの距離を測る赤外線センサーのみをセンサーとして搭載していると仮定する．このセンサーは 360 度回転することで，同位置にいながら自分の周りの壁や障害物との距離を計測できる．当然，自走ロボットなので，得られたデータを自分で処理し，どちらの方向に行くかも自

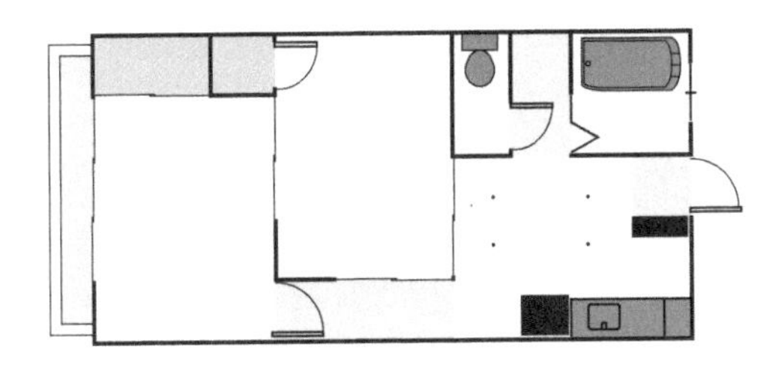

図 11.1　マンションの一室の見取り図

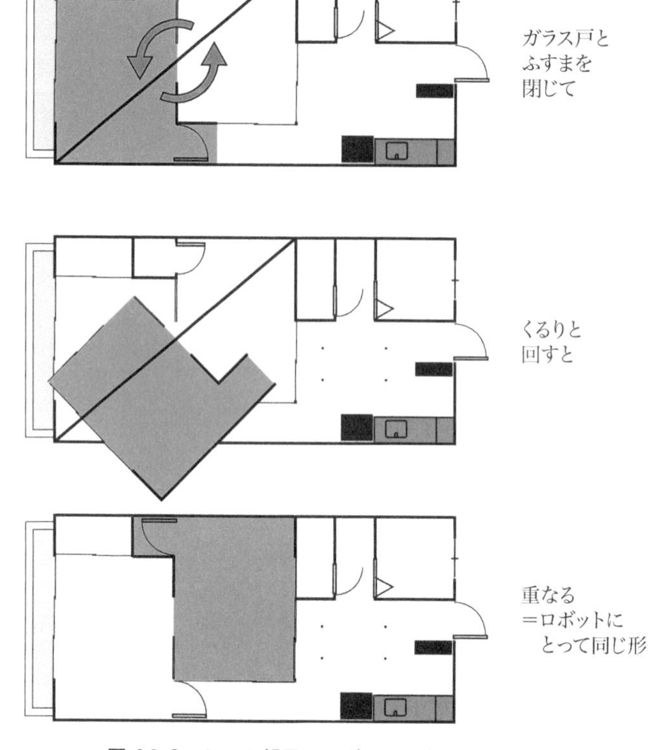

図 11.2　2 つの部屋はロボットにとって同じ部屋

分で決定できる計算能力をもつ．

ロボットの制御問題はその難易度によっていくつかのクラスに類別される．お掃除ロボのタスクもいくつかの課題に分けられるが，ここでは「ロボットが自分自身，部屋内のどこにいるかをなるべく正確に早く判断する」，いわゆる**自己位置推定問題**のみを考える．自己位置推定問題の設定では，あらかじめ地図が与えられなくてはならない．したがって部屋の見取り図はあらかじめロボットに「部屋の地図」として与えられているとする．あるいは，初期設定として，壁沿いにくっつくようにして動いたり，あるいはランダムに自走することで，おおざっぱな「部屋の地図」を自分で獲得できる機能があると仮定する．

本問題に取り組むにあたり，状態ベクトル $\boldsymbol{x}_t$ は，離散時刻 t における 2 次元空間（平面内）のロボットの位置 (x 座標，y 座標) と，ロボットの正面（セン

図 11.3　子どものおもちゃは思いがけないところに

サーが回転していないときのセンサーが指す軸）の向きが x 軸から何度ずれているかを表す角度 η の 3 つの成分で構成されるとする．

$$\boldsymbol{x}_t \equiv \begin{bmatrix} \text{時刻 } t \text{ での座標 } x \\ \text{時刻 } t \text{ での座標 } y \\ \text{時刻 } t \text{ でのロボットの正面の方角} \eta \end{bmatrix}. \tag{11.1}$$

図 11.4（p.144）に η の定義を図示した．ロボットの正面は図中では▲で示されている．実際にはほかにもいろいろあろうが，ここでは 3 成分以外は説明には不要なので省略する．

このロボットが自己位置推定するにはいくつか問題点がある．まず 1 つ目の問題点は部屋内の形状が複雑なことである．部屋には，家具の設置場所やバスルームなどのロボットが行けない場所がたくさんある．ロボットの可動域が複雑な形状になっているため，状態変数である (x 座標, y 座標) の定義域の形状は複雑になる．また日々の暮らしにより，たとえばおもちゃ箱のような家具（障害物）の位置が頻繁に変わるため，定義域の更新作業は常時行わなければならず，作業がなおさら大変になる．また，確率分布 $p(\boldsymbol{x}_t|\cdot)$ として単純な解析的関数は適用できない．似たような場所が部屋内に複数あり，センサー計測値からロボットが自分で今どこにいるのかを判断するのはそもそも困難である．その結果，確率分布は解析的関数では表現が困難な**多峰性**を示す．多峰性とは，ローカルピークが複数あることを意味する．つまり，確率分布が“富士山”タイプでなく，“日本アル

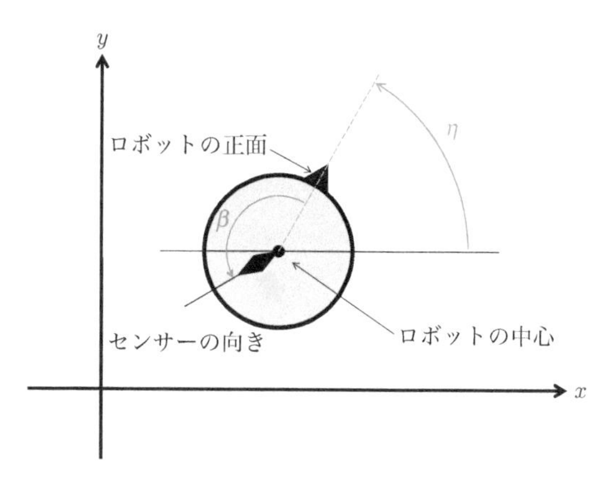

図 11.4　お掃除ロボの正面とセンサーの向きを示す角度の定義

プス”タイプの形状であることを指す．よく利用されるガウス分布は単峰なので，可能な存在位置点がいくつかあるような場合をまったく表現できない．

ほかの問題点として，ロボットは制御命令通りに走行していたとしても，子どもらの想定外の行動（のしかかる，蹴る，揺らすなどの行為）により，予想される位置に到達できないことが多い．最後に，安くて簡単に実装できるシステムの開発が求められていることも忘れてはならない．こんな要求の中で自己位置推定問題を解決するために粒子フィルタが用いられている．

11.2 … 一般状態空間モデル表現

11.2.1　システムモデル：モーションモデル

ロボット制御の場合も，一般状態空間モデル（式 (3.23) (p.29) と (3.24) (p.29) の組）の枠組みでとり扱える．ただし制御の場合は，たとえば，「前に行け」とか，「右方向に 45 度曲がれ」とか，それらの指示を実際の機器に伝える物理量などの，制御変数 $\boldsymbol{u}_t$ が外生変数として登場する．また，時刻 t の時点においては，$\boldsymbol{u}_{t-1}$ は与えられていなければならない．この点は非常に重要である．ロボットが自律的に行動するためには，時刻 t での状態 $\boldsymbol{x}_t$ と 1 時刻前の制御命令 $\boldsymbol{u}_{t-1}$ から次に行う行動を決める行動ルール，$\boldsymbol{u}_t = U(\boldsymbol{x}_t, \boldsymbol{u}_{t-1})$ が必要となる．それをどう構成するかはまた重要な問題ではあるが，自己位置推定問題の外にある問題なので割愛する．要は自己位置推定問題は受動問題である．これとは対照的に，行動をプランニングする問題は能動問題といえる．

制御の場合，式 (3.23)（p.29）は，「時刻 $t-1$ で，状態ベクトル $\boldsymbol{x}_{t-1}$ と制御変数 $\boldsymbol{u}_{t-1}$ が与えられたもとでの，時刻 t での状態ベクトル $\boldsymbol{x}_t$ の分布」になる．つまり，

$$\boldsymbol{x}_t \sim p(\boldsymbol{x}_t|\boldsymbol{x}_{t-1}, \boldsymbol{u}_{t-1}). \tag{11.2}$$

$(\boldsymbol{x}_{t-1}, \boldsymbol{u}_{t-1})$ が与えられたもとで，時刻 t の状態ベクトルがどのような不確実性をもつかを表現したものである．このモデルを制御（ロボット）の分野ではモーションモデルという．

モーションモデルを図 11.5 を使って説明する．この図では，$\boldsymbol{x}_{t-1}$ はすべて線分の左端点の三角印においた．したがって時刻 $t-1$ では，ロボットは図 11.5 の左端の点におり，ロボットの正面は三角印で示すように x 軸方向（右方向）を向いている．この図は時刻 $t-1$ で制御命令 $\boldsymbol{u}_{t-1}$ を発し，時刻 t になったときにロボットがどこにいるのかを確率分布で表現している．よって示した図はシステムノイズの分布 $p(\boldsymbol{v}_t|\boldsymbol{u}_{t-1})$ に相当する．非線形・非ガウス状態空間モデルのシステムモデル（式 (3.21)（p.29））の形式で式 (11.2) を表現すれば，

$$\boldsymbol{x}_t = \boldsymbol{x}_{t-1} + \boldsymbol{v}_t, \quad \boldsymbol{v}_t \sim p(\boldsymbol{v}|\boldsymbol{u}_{t-1}) \tag{11.3}$$

になる．この形式で書いておけば，粒子フィルタの予測の操作の適用も容易であろう．

ここでの $\boldsymbol{u}_{t-1}$ は，「ロボットの正面方向に 100 cm すすめ」に対応する，

$$\boldsymbol{u}_{t-1} = \begin{pmatrix} 0\,\text{度} \\ 100\,\text{cm} \end{pmatrix} \tag{11.4}$$

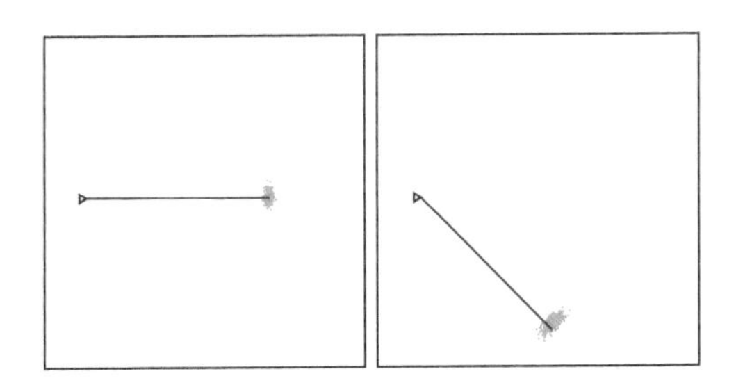

図 11.5　ロボットのモーションモデル．直進（左）と右 45 度前方方向に走行（右）の例

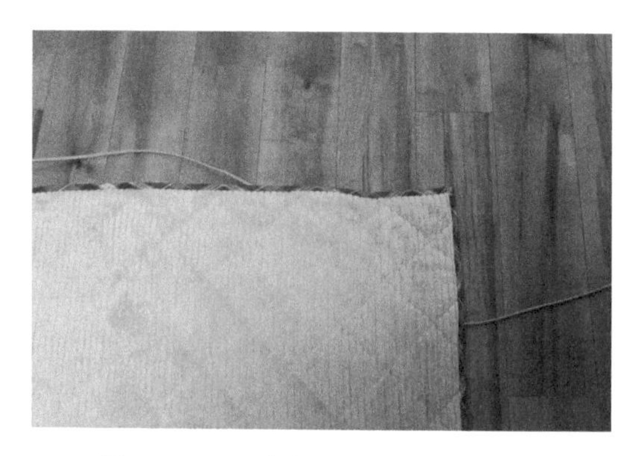

図 11.6　まっすぐにすすめない要因の例

である．この確率分布を得るためには，時刻 $t-1$ で位置を決め，そこを基準点として「ロボットの正面方向に 100 cm すすめ」の命令を出し，時刻 t でどこに行ったかという実験を何度も何度も繰り返す．到着地点の分布が広がる理由，つまり，精密に設計されたロボットがどうしてたった 100 cm も正確にまっすぐすすめないかというと，平らな理想的な面だったらまっすぐすすめるが，実際の現場ではカーペット面が歪んでいたり，ケーブルが下にあるため盛り上がったりしているために結果としてまっすぐにすすめない．また，走行途中に横から人がぶつかったりもする．このような想定外の揺らぎがたくさんあるためである（図 11.6）．

図 11.5（p.145）の右の $\boldsymbol{u}_{t-1}$ は，「右方向に 45 度向きを変え，100 cm 前にすすめ」という命令に対応する制御変数値である．このときの $\boldsymbol{u}_{t-1}$ は，

$$\boldsymbol{u}_{t-1} = \begin{pmatrix} -45\text{ 度} \\ 100\,\text{cm} \end{pmatrix} \tag{11.5}$$

である．時刻 $t-1$ の場所を基準点として「右方向に 45 度向きを変え，100 cm 前にすすめ」の命令を出し，時刻 t でどこに行ったかという実験を何度も何度も繰り返す．こちらの実験は回転の動作が出てくるため，正確な回転動作を妨げるいろいろな原因により，ロボット正面の方向が目的の方角からずれることも時々ある．その結果，左のパネルよりも右のパネルの点のほうが分布がやや広くなっている．

制御変数 $\boldsymbol{u}_t$ として，いくつかの制御パターンを用意しておく．その一つ一つのパターンに対して，確率分布がこのような数値データとして手に入れば，一般

状態空間モデルのシステムモデルを構成したことになる．

11.2.2 観測モデル：認知モデル

ロボット制御のときの，一般状態空間モデルのもう一つの確率差分方程式である観測モデル（式 (3.24)（p.29））を説明する．今のロボットの場合の観測モデルのことを認知モデルという．時刻 t の状態ベクトル $\boldsymbol{x}_t$ とセンサーからの観測量 $\boldsymbol{y}_t$ を結びつける式，それも確率的に結びつけたのが観測モデルである．観測モデルでは，時刻 t での状態ベクトルの値は所与なので，ロボットの位置情報が与えられたもとでの観測データの条件つき確率になる．

赤外線センサーは，発射した赤外線が壁や障害物にあたって跳ね返って戻ってくるまでの時間差を測ることで壁までの距離を推測する．ロボットの正面の方向からセンサーが回る方向に回転角度 β を測る．β はロボット正面と，ある瞬間にセンサーが向いている方向との相対角度になる．図 11.4（p.144）にその β の定義を図示した．菱形で示されているセンサーは，水色の矢印の方向にセンサーの正面を起点にして 360 度回転する．1 回転にかかる時間は，離散時刻 t と $t-1$ の間の時間と比較すると無視できるほど短いと仮定する．360 度をたとえば 10 度ずつ分割し，1 回転あたり計 36 回赤外線計測することにする．図 11.10（p.151）の最下段に，赤外線が壁にあたって反射する様子を示した．放射状にのびた直線が 10 度回転するごとに照射された赤外線を示し，その中心にロボットがいる．ここで，時刻 t での l 番目の計測データのときの角度 β を $\beta_{[l,t]}$ と記す．それら 36 個の計測値で構成するベクトルが時刻 t の観測ベクトル

$$\boldsymbol{y}_t^{\mathrm{tp}} \equiv \left[y_{[1,t]}, y_{[2,t]}, \ldots, y_{[36,t]}\right] \tag{11.6}$$

である．ただし，$y_{[l,t]}$ は時刻 t で，センサーが $\beta_{[l,t]}$ 方向を向いたときの，壁あるいは障害物からの距離（スカラー量）を表す．

あるとき，ロボットの位置から 152 cm のところに壁があるとする．そのとき，赤外線の往復時間を計測することでロボットと壁の間の距離が推定できる．もちろん，いろいろな要因で往復時間に揺らぎが生じ，その結果，計測値に一定の誤差が発生する．その様子を図 11.7 に示した．真ん中の縦線が真の値である 152 cm を示す．この図は式 (3.24)（p.29）で表される観測モデルの条件つき分布に，さらにセンサーが向いている角度 $\beta_{[l,t]}$ を条件づけした，$p(y_{([l,t]}|\boldsymbol{x}_t, \beta_{[l,t]})$ を表し

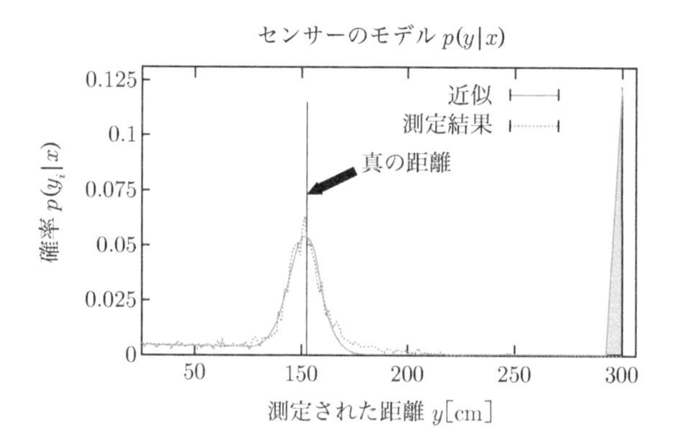

図 11.7 ロボットの認知モデル．ロボットに搭載されたセンサーの観測モデルのこと

ている．非線形・非ガウス状態空間モデルの観測モデル（式 (3.22)（p.29））の形式でこの観測モデルを表現すれば，

$$
y_{[l,t]} = h(\boldsymbol{x}_t, \beta_{[l,t]}) + w_t, \quad w_t \sim p(w) \tag{11.7}
$$

となる．$h(\boldsymbol{x}_t, \beta_{[l,t]})$ は，手元にある「部屋の地図」を使って，ロボットの位置，ロボット正面の向き，センサーの回転角度から計算される．$h(\boldsymbol{x}_t, \beta_{[l,t]})$ が図の場合，152 cm の値を返す．ロボットの正面がどちらを向いているかを指定する角度 η_t と，センサーが正面から何度回転したかを指定する角度 $\beta_{[l,t]}$ が与えられているので，時刻 t での l 番目のデータ $y_{[l,t]}$ を観測したセンサーがどちらを向いているかが完全に指定できる．また，観測ノイズ（スカラー量）の w_t は，図の横軸において 152 cm のところで $w_t = 0$ の値をとる．つまり，図の $p(w)$ は，ゼロ近辺で 5 cm から 7 cm の標準偏差をもつガウス分布に近いことが見てとれる．式 (11.7) の形式で書いておけば，粒子フィルタの適用も容易であろう．

$p(w)$ を得るには，まずはある場所にセンサーをおいて距離を何度も測ればよい．たとえば，壁あるいは障害物から既知の間隔離したところにロボットがいるさまざまな状況で，距離データを何度も何度もとる．これら得られたすべてのデータの既知の距離からの差分を青色の点線で図に示してある．図に示されているように，もともと精度として 5 cm から 7 cm の誤差がある．この点線に滑らかな曲線をあてはめ，オレンジ色の実線で上書きした．観測モデルが数値的に構成できることを今示したが，第 7.3 節の直前のコラムでも同じことに言及している

図 11.8　たまたまドアが…

図 11.9　たまたま今日はここに置かれて…

のでもう一度読み直してみてほしい．

さて，問題は，この点線の一番右端のピークである．ロボットが図 11.1 (p.141) の廊下のある点にいたとする．そのとき，本来ならばロボットのセンサーは，壁から 150 cm くらい離れた場所にいるという答えを返すべきだが，普段は閉まっているドアがたまたま開いていて（図 11.8），運悪く赤外線がそのドアの隙間から部屋の中まで突き抜けていってしまうことを考える．すると，運悪く 4 m 先に壁があるとの答えが返ってくる．点線の最右端のピークは，このような状況の集積の結果である．われわれがほしいのはロボットの正しい位置情報である．ロボットに電源を入れてしばらくして，せっかく自分がどこにいるのかわかりかけてきて，だいたい廊下のあたりにいるとなってきた段階で，運悪く壁まで 4 m 先という答えが返ってくるとロボットは大混乱する．ほかにもセンサーが極端におかしい計測値を返す状況は容易に考えつく（図 11.9（p.149））．たとえば，センサーと壁の間をたまたま人が通過すると，壁までの実距離（真の値）よりもずいぶん近い値が得られる．また，人が回転しているセンサーにぶつかってしまい，センサーが違う方向を見ているにもかかわらず，測ろうとしている方角の値としてしまうこともあり得る．

こういう異常値をいかに排除し適切に対処するかを考えたとき，ルールベースではどうしようもなくなる．異常値の発生確率を一定でも用意しておけば大丈夫である．その分布形を解析的に与える必要もない．分布は数値で表現すればよい．

われわれはだいたいのロボットの位置といった，アバウトな情報がほしいにもかかわらず，想定外の出来事によるいろいろな不確実性によって観測値に異常値が出る．よって，位置の同定の情報処理が異常値に大きく左右されるシステムでは現実のロボット制御はうまく機能しない．つまり，ロバストなセンサーデータ処理でないと使い物にならない．異常値処理をうまく行うためには，図 11.7（p.148）の最右端に示したような異常値の発生頻度をあらかじめ有限の値に設定しておくべきである．異常値の頻度をどの程度与えるかが次に重要になるが，いろいろな状況で計測し事例を集めることで対処すればよい．

ここで紹介した問題解決はフィルタリングのみで十分なので，計算コストがかからない．フィルタ分布だけに興味があるような問題に対して，粒子フィルタにはさまざまな分野で非常に多数の応用事例がある．具体的には，セキュリティ工学で重要なツールであるオンライン画像処理や，物体追尾問題（通常，トラッキング問題と呼ばれている）などが重要な応用分野である．

11.3 … 実際の適用

システムモデルが式 (11.3)（p.145）で，また観測モデルが式 (11.7)（p.148）で与えられたので，あとはこの 2 つを組み合わせ，粒子フィルタを適用するだけでロボットの自己位置推定はできる．力学計算をする必要はまったくなく，すべて経験モデルで推定可能である．ただし実際に自律的に走行するためには，動作指令計画 $\boldsymbol{u}_t = U(\boldsymbol{x}_t, \boldsymbol{u}_{t-1})$ もロボットの計算システム内に必要である．

粒子フィルタの具体的適用法をもう少し詳しく紹介する．図 11.10 に結果を

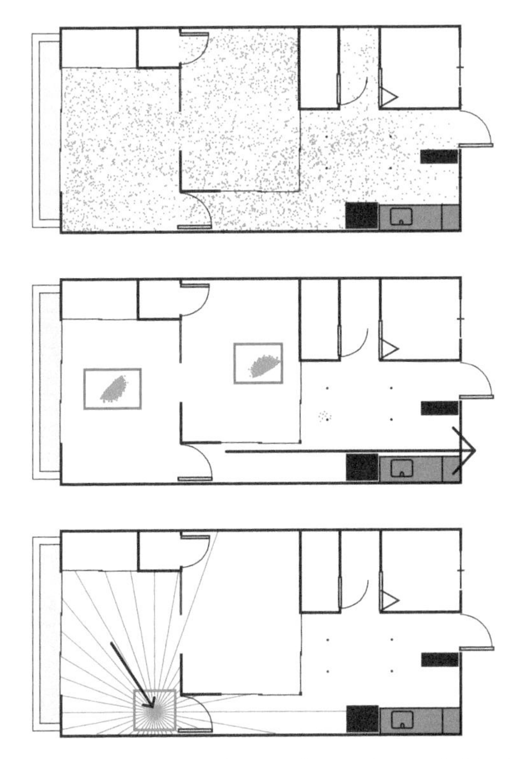

図 11.10　ロボットの位置を表す粒子の分布のロボットの移動にともなう変化

示してある．点一つ一つが粒子 $\boldsymbol{x}_t^{(i)}$ で，それらが空間的に密集しているほどロボットがその場所にいる確率が高いことを意味している．ロボットは最初左端の部屋の左上隅の電源コンセントに近い場所にいる．3 つのパネルの中で，一番上はロボットに電源が入れられてすぐのフィルタ分布を，また一番下はロボットが部屋を横断して "廊下" 近くまで動いたあとに自分の居場所をほぼ正確に把握したフィルタ分布を示している．

最初に，粒子数 $N = 10^4$ 程度を，初期値として全空間に一様に分配する．可動域を示した図が手元にあれば，2 次元に一様に分配し，可動域に配置されなかった粒子はすぐに消去すればよい．実際に一番上の図を見ると，押し入れ，バスルームに相当する場所には粒子がなく，空白となっていることが視認できるであろう．この作業を繰り返し，所定の粒子数になるまで粒子を生産し続ければよい．可動域の制約条件として，壁から一定の距離にいる条件を加えるのも簡単に実現できる．このように粒子フィルタは複雑な形状をした状態ベクトルの定義域の表現も数値的に実現できる．さらにいえば，自分がもっている経験的な知識をそのままアルゴリズム（操作）として表現できる点が粒子フィルタの便利な点といえる．図の一番上のパネルに示したのは，一様に分布してあまり時間のたっていないフィルタ分布である．

センサーから時々刻々とデータが入ってくるとだんだん点が数ヶ所に凝縮してくる．いい換えれば，ロボットの存在確率の高い領域が限定されてくる．真ん中のパネルは，1 万個の粒子がだいたい左と真ん中の部屋の中央部（図では赤色の四角で囲った部分）に固まり，よって存在確率の高い領域が 2 ヶ所に限定された様子を表している．この 2 つがセンサーで識別できない理由は，第 11.1.2 項で説明したように左の部屋と真ん中の部屋が回転対称で，ロボットと壁の相対的な位置などが局所的に似ているためである．ここで注目すべきは，この 2 領域とは全然関係ないところにも少しずつ粒子がいる点である（図ではかなり見えにくいが）．このような分布の様子を数式で表現しようと思ったらまず無理である．

さらに時間がたつとロボットは左の部屋の廊下に近いところ（放射状の直線群の中心）に入っていく．するとセンサーから得られた動いた先の状況が 2 領域間で異なるので，左の粒子群だけが結局生き残った．もう少し具体的にいえば，ロボットとまっすぐ右方向（x 軸方向に沿ったロボットと台所の間）の距離が長いとわかったことが，2 領域のどちらにいるかを判断する大きなヒントになった．図では，ロボットと台所を結ぶ横一直線が長いことが見てとれるが，この距離の長さにより，ロボットは左の部屋にいることがわかったのである．中段から下段のパネルにいたる時間経過中に，ロボットが引き続いて真ん中の部屋にいるとしたら，実際のロボットの位置の回転対称点である，真ん中の部屋の上の押し入れ近くにいる確率が高い．そこからまっすぐ左方向（これは，上述した，「まっすぐ右方向」の回転対称）には押し入れがあり，ロボットと押し入れとの間の距離は 100 cm 程度になるはずであった．ところが実際は距離が数メートルと長かったため，真ん中の部屋にいる可能性は否定されたのである．その結果が，中段のパネルで示された真ん中の部屋の粒子群の消滅につながった．これが粒子フィルタを使ったロボットの自己位置推定である．読者の方々も自分ですぐにできそうな気がしてくるであろう．

この章を終わる前に一つ，別の観測モデルを構築する事例を紹介する．この例でのセンサーは天井を向いた小領域内の輝度を測定するカメラである．あらかじめ天井の様子を白黒イメージで記録しておく．蛍光灯があると明るく，ないと暗いなど，天井には輝度の大小が相当あるので，その違いを利用する．また蛍光灯の配置パターンには部屋ごとに違いがあるので，その情報も位置の同定には有効である．

ロボットの位置と，その場所での，天井を向いたカメラが測定した輝度の組がデータベースとして記録される．このことは，$\boldsymbol{x}_t$ として (x 座標, y 座標) の 2 変数をとったなら，観測モデル（式 (3.24)（p.29））は以下で与えられることを表している．

$$y_t \sim N(h(\boldsymbol{x}_t), \sigma^2). \tag{11.8}$$

$h(\boldsymbol{x}_t)$ は数値としてデータベースに記録されている．こんな廉価な精度の悪いセンサーを使って，前もってざっと記録しデータベースをつくるだけで，観測モデルが構成できる．ほかのセンサーデータとちょっと組み合わせるだけで簡単で一定の精度をもつ自己位置推定システムが構築できる．

あとがき

確率統計の初等的入門書は非常にたくさんあるので，本書の第2章の説明が不足していると感じられた読者はそちらを参考にしていただきたい．本書はベイズモデリングの最初の部分を扱っただけであるので，ベイズモデリングのより深い知識を得ることが望ましいことを考えると，下記の書籍の第1，2章が適切であろう．

『パターン認識と機械学習（上），（下）――ベイズ理論による統計的予測』，C.M. ビショップ（著），元田　浩・栗田多喜夫・樋口知之・松本裕治・村田　昇（監訳），シュプリンガー・ジャパン（2012年から丸善出版），2007.

ベイズモデリングの視点から近年の機械学習にかかわる手法を網羅的に解説した教科書として多くの研究者・実務者に読まれていて有名な書籍である．本書でごく一部しか紹介できなかったグラフィカルモデルも上記の第8章で深く勉強できる．

さらにグラフィカルモデルに関しては下記の図書が名高い．

『グラフィカルモデリング（統計ライブラリー）』，宮川雅巳（著），朝倉書店，1997.

統計モデル一般に関してもう少し厳密な議論を求める読者は以下の2書籍が参考になる．

『情報量規準（シリーズ〈予測と発見の科学〉2）』，小西貞則・北川源四郎（著），朝倉書店，2004.
『統計的モデリング／情報理論と学習理論――データと上手につきあう法（現代技術への数学入門）』，小西貞則・竹内純一（著），若山正人（編），講談社，2008.

状態空間モデルを利用した時系列モデリングに関して，本書よりもすすんだ内容の時系列モデリングの訓練を積みたい読者は下記の本を一読されることを強く勧める．本書の構成を考える際にずいぶんと参考になった書籍である．数理的難易度も章によってばらつかず読みやすいとの定評があり，粒子フィルタの記載もあるので，本書の内容の復習をかねて読んでみるのもよい．

『時系列解析入門』，北川源四郎（著），岩波書店，2005.

また，この書籍で解説されたプログラムをRでライブラリー化したものが，TSSS (Time Series analysis with State Space model) である．TSSSを用いて初版である『時系列解析入門』の内容を大幅に改訂した書籍が以下である．実際に手を動かしながら理論をしっかりと学べる優れた構成となっている．本書でもTSSSの複数の関数を使い，結果を示した．

『Rによる時系列モデリング入門』，北川源四郎（著），岩波書店，2020.

関連した現代的な話題を広く習得したい読者は，やや軽めの読み物として以下を勧める．

『岩波データサイエンス Vol.6（特集「時系列解析——状態空間モデル・因果解析・ビジネス応用」)』，岩波データサイエンス刊行委員会（編），岩波書店，2017.

粒子フィルタについてさらに知識を深めたい読者は，下記の書籍を読まれたい．粒子フィルタは，逐次モンテカルロ法と呼ばれる高次元空間のモンテカルロ積分の一手法として位置づけられる．その解説と工学分野への応用が記載されている．

「第11章　逐次モンテカルロ法とパーティクルフィルタ」，生駒哲一（著），『数理・計算の統計科学（21世紀の統計科学3)』（国友直人・山本　拓（監修），北川源四郎・竹村彰通（編)），東京大学出版会，2008.

粒子フィルタのファイナンスへの応用について入門的知識を得たい読者には次の書籍が適当である．

『計算統計II——マルコフ連鎖モンテカルロ法とその周辺（統計科学のフロンティア12)』，伊庭幸人・種村正美・大森裕浩・和合　肇・佐藤整尚・高橋明彦（著），岩波書店，2005.

第8章の定常時系列データの理論の解説には，下記の2書籍が有用である．古いものとして

『時系列解析（現代応用数学講座 3)』，藤井光昭（著），コロナ社，1974.

近年では

『経済・ファイナンスデータの計量時系列分析（統計ライブラリー)』，沖本竜義（著），朝倉書店，2010.

SARIMA のアプローチに関しては，以下の実践的書籍がよく読まれている．

『時系列分析と状態空間モデルの基礎――R と Stan で学ぶ理論と実装』，馬場真哉（著），プレアデス出版，2018.

定常時系列データのパワースペクトル解析に関しては以下が古典的名著である．

『スペクトル解析（新装版)』，日野幹雄（著），朝倉書店，2009.

本書では非線形・非ガウス型の状態空間モデルの計算法として，粒子フィルタのみを解説したが，それ以外の手法を学びたい読者は以下を読むとよい．

『非線形カルマンフィルタ』，片山徹（著），朝倉書店，2011.

あわせて，カルマンフィルタを解説した以下の本も良書としてよく読まれている．

『新版　応用カルマンフィルタ』，片山徹（著），朝倉書店，2000.

カルマンフィルタおよび粒子フィルタを用いた非定常時系列モデルの実践的解説には下記の本の評判が高い．

『カルマンフィルタ――R を使った時系列予測と状態空間モデル（統計学 One Point 2)』，野村俊一（著），共立出版，2016.

第 9 章の状態空間モデルのマーケティングへの応用について，ほかの応用例を知るには，下記の 2 書籍が有用である．

『マーケティングの科学――POS データの解析（シリーズ〈予測と発見の科学〉3)』，阿部　誠・近藤文代（著），朝倉書店，2005.
『ビッグデータ時代のマーケティング――ベイジアンモデリングの活用』，佐藤忠彦・樋口知之（著），講談社，2013.

第 10 章の逐次データ同化法について，本書の次にもう少し掘り下げて知識を得たい読者は下記の 2 書籍が適切である.

『統計数理は隠された未来をあらわにする――ベイジアンモデリングによる実世界イノベーション』，樋口知之（監修，著），東京電機大学出版局，2007.
「第 5 章　何を計算するか」，樋口知之（著），『超多自由度系の新しい科学（計算科学講座　第 3 部　計算科学の横断概念　10 巻）』（金田行雄・笹井理生（監修）），共立出版，2010.

和書の専門書としては下記の書籍が本書との関係が深いためお勧めする.

『データ同化入門――次世代のシミュレーション技術（シリーズ〈予測と発見の科学〉6）』，樋口知之（編著），上野玄太・中野慎也・中村和幸・吉田　亮（著），朝倉書店，2011.

流体力学現象のデータ同化および周辺話題については下記の書籍から情報収集されるとよい.

『データ同化流体科学――流動現象のデジタルツイン（クロスセクショナル統計シリーズ 10）』，大林茂・三坂孝志・加藤博司・菊地亮太（著），照井伸彦・小谷元子・赤間陽二・花輪公雄（編），共立出版，2021.

第 11 章の内容は，下記の書籍の著者らの過去の研究成果を参考に，読者にわかりやすい題材をとり上げ工夫して解説したつもりである．より詳細および具体的内容は下記の書籍をぜひ読まれたい．なお，著者の一人，セバスチャン・スラン（Sebastian Thrun）は Google ストリートビューの共同発明者でもある.

『確率ロボティクス（プレミアムブックス版）』，S. スラン・W. バーガード・D. フォックス（著），上田隆一（訳），マイナビ出版，2016.

索引

さ 行

た 行

な 行

は 行

ま 行

や 行

ら 行

わ 行

記号

数字

欧文

著者紹介

樋口知之　理学博士

1989年　東京大学大学院理学系研究科博士課程修了
2020年　「卓越した技能者（現代の名工）」をデータサイエンティストとして初受賞
現　在　中央大学AI・データサイエンスセンター所長，理工学部教授
日本統計学会会長

NDC 417　175 p　21cm

予測にいかす統計モデリングの基本　改訂第2版
ベイズ統計入門から応用まで

2022年 7 月 20 日　第 1 刷発行
2023年 8 月 22 日　第 2 刷発行

著　者　樋口知之
発行者　髙橋明男
発行所　株式会社　講談社
〒112-8001　東京都文京区音羽2-12-21
販　売　(03)5395-4415
業　務　(03)5395-3615

KODANSHA

編　集　株式会社　講談社サイエンティフィク
代表　堀越俊一
〒162-0825　東京都新宿区神楽坂2-14　ノービィビル
編　集　(03)3235-3701
本文データ製作　株式会社双文社印刷
印刷・製本　株式会社ＫＰＳプロダクツ

ISBN 978-4-06-528570-1